專為孩子設計！

趣味 樹木圖鑑

U0050145

前言

　　對植物了解得愈多，一旦我們在無人島或深山遇難時，對求生就有更多的把握與信心。因為我們有豐富的知識當作後盾，知道哪些植物可以吃、哪些有毒、哪些樹木的材質較輕或質地堅固、哪些樹木在雨天也能夠當柴燒等。換言之，掌握愈多有關植物的知識，生存下來的機率也愈高。可惜的是，對小朋友而言，植物的魅力遠低於蟲類和動物，可能是因為不會動，所以對植物抱著「不好玩」的印象吧！其實，這完全是個誤會啊。

　　舉例而言，植物雖然不會行動，但是他們在所有的生物之中，不但最長壽，成長之後的體型也最為巨大。正因如此，他們也具備各種讓人嘖嘖稱奇的絕技和意想不到的特質與特徵。此外，樹木也是人類使用頻率最高的生物，自然也有許多有趣的名稱和傳說了。換句話說，樹木的名字，能夠成為了解人類歷史的線索，如此一來，每天映入我們眼中的景色（一定少不了樹木）也會變得樂趣橫生，順帶體會到環境的變化與大自然的神祕。因此，我的首要目標是要讓各位感覺到「植物好有趣！」，進而培養出對植物的興趣。

　　基於這樣的想法，再加上筆者也有個還是小學生的兒子，所以有別於一般正經的圖鑑，特地彙整了許多有趣的梗圖和插圖（拜託老婆大人），精心製作了這本即使是小學生，也能順利查詢到樹木名稱的圖鑑。雖然現代人對植物漠不關心，但我們之中有許多人住的是木造的房子，每天也會吃水果；日常生活中使用的藥物也有一部分是來自於植物，還會把木材當作燃料來使用。我想，如果有更多的孩子了解樹木，相信地球的未來一定會變得更加光明（林將之）

※A～Y 的記號，請參照右頁的葉片檢索表

樹木的搜尋方法

請各位依照以下的方法搜尋本書的樹木名稱。不會開花和結果的樹木種類很多，所以只從樹形和樹皮下手的話，無法辨別的情況很常見，建議各位以葉片為線索的搜尋方法。

從葉片檢視

利用右頁的葉片檢索表，從葉片搜尋出樹木的名稱。本書根據葉形，包括葉子邊緣呈鋸齒狀（鋸齒緣）或邊緣平滑（全緣）、葉片交互排列（互生）或彼此相對（對生）、還有是落葉樹（冬天會落葉）還是常綠樹（冬天也有葉子）等特徵，將樹木分為 A～Y 的類別。對應的頁數會以一覽表列出每個類別的代表性的葉片，請各位仔細確認紋路（葉脈）的模樣和梗（葉柄）的長度等細節，找出類似的葉子，並從解說頁確認答案。解說頁幾乎涵蓋於 A～Y 各類別的篇幅。

從花和果實的顏色下手

花和果實的部分請各別參照 P.20 和 P.24 的色別一覽，並找出類似的種類。本書依照顏色和季節之別，分別列舉出代表性的花朵和果實。

從樹皮和樹形下手

樹皮（樹幹的皮）的部分請參照 P.28 的樹皮一覽，樹形（樹木的模樣）請參照 P.29 的樹形，找出相似的種類。如果是特徵明顯的樹，應該找得到吧。

葉片檢索表

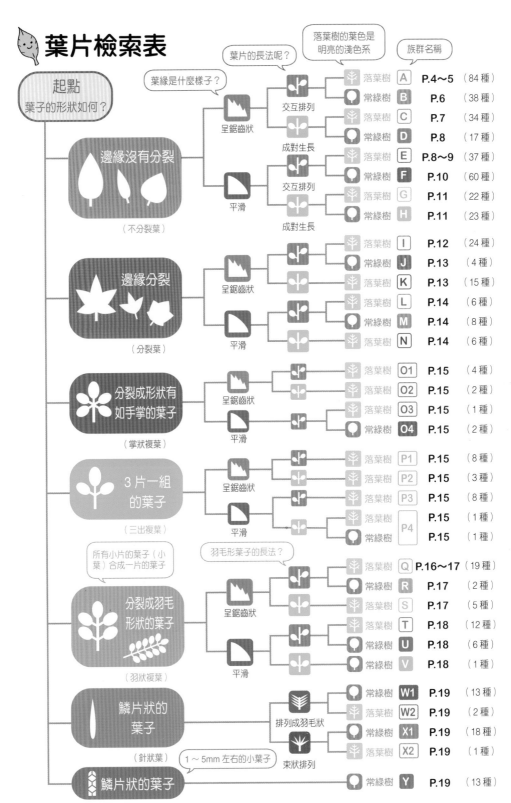

起點
葉子的形狀如何？

葉片的長法呢？
葉緣是什麼樣子？
落葉樹的葉色是明亮的淺色系
族群名稱

邊緣沒有分裂
（不分裂葉）

呈鋸齒狀
交互排列　落葉樹　A　P.4～5　（84 種）
　　　　　　常綠樹　B　P.6　（38 種）
成對生長　落葉樹　C　P.7　（34 種）
　　　　　　常綠樹　D　P.8　（17 種）

平滑
交互排列　落葉樹　E　P.8～9　（37 種）
　　　　　　常綠樹　F　P.10　（60 種）
成對生長　落葉樹　G　P.11　（22 種）
　　　　　　常綠樹　H　P.11　（23 種）

邊緣分裂
（分裂葉）

呈鋸齒狀
　　落葉樹　I　P.12　（24 種）
　　常綠樹　J　P.13　（4 種）
　　落葉樹　K　P.13　（15 種）

平滑
　　落葉樹　L　P.14　（6 種）
　　常綠樹　M　P.14　（8 種）
　　落葉樹　N　P.14　（6 種）

分裂成形狀有如手掌的葉子
（掌狀複葉）

呈鋸齒狀
　　落葉樹　O1　P.15　（4 種）
　　落葉樹　O2　P.15　（2 種）
平滑　落葉樹　O3　P.15　（1 種）
　　常綠樹　O4　P.15　（2 種）

3 片一組的葉子
（三出複葉）

呈鋸齒狀
　　落葉樹　P1　P.15　（8 種）
　　落葉樹　P2　P.15　（3 種）
　　落葉樹　P3　P.15　（8 種）
平滑　落葉樹　P4　P.15　（1 種）
　　常綠樹　　P.15　（1 種）

所有小片的葉子（小葉）合成一片的葉子
羽毛形葉子的長法？

分裂成羽毛形狀的葉子
（羽狀複葉）

呈鋸齒狀
　　落葉樹　Q　P.16～17　（19 種）
　　常綠樹　R　P.17　（2 種）
　　落葉樹　S　P.17　（5 種）

平滑
　　落葉樹　T　P.18　（12 種）
　　常綠樹　U　P.18　（6 種）
　　常綠樹　V　P.18　（1 種）

鱗片狀的葉子
（針狀葉）

排列成羽毛狀
　　常綠樹　W1　P.19　（13 種）
　　落葉樹　W2　P.19　（2 種）

1～5mm 左右的小葉子
束狀排列
　　常綠樹　X1　P.19　（18 種）
　　落葉樹　X2　P.19　（1 種）

鱗片狀的葉子
（鱗狀葉）
　　常綠樹　Y　P.19　（13 種）

葉片一覽表

依照組別收錄具代表性的葉子

A 葉緣有鋸齒・互生・落葉

解說在 P.23 ～ 73

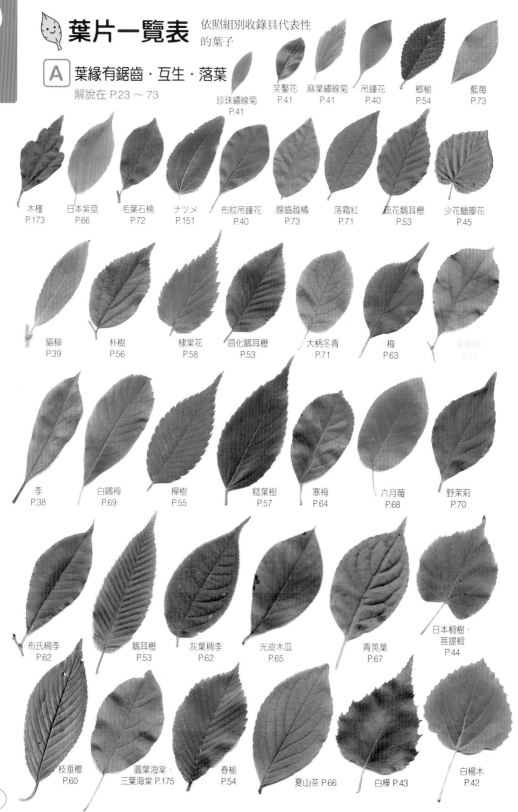

珍珠繡線菊
P.41

笑靨花
P.41

麻葉繡線菊
P.41

吊鐘花
P.40

榔榆
P.54

藍莓
P.73

木槿
P.173

日本紫莖
P.66

毛葉石楠
P.72

ナツメ
P.151

布紋吊鐘花
P.40

腺齒越橘
P.73

落霜紅
P.71

疏花鵝耳櫪
P.53

少花蠟瓣花
P.45

貓柳
P.39

朴樹
P.56

棣棠花
P.58

昌化鵝耳櫪
P.53

大柄冬青
P.71

梅
P.63

南燭
P.17

李
P.38

白鷗梅
P.69

櫸樹
P.55

糙葉樹
P.57

寒梅
P.64

六月莓
P.68

野茉莉
P.70

布氏稠李
P.62

鵝耳櫪
P.53

灰葉稠李
P.62

光皮木瓜
P.65

青莢葉
P.67

日本椴樹・
菩提椴
P.44

枝垂櫻
P.60

圓葉海棠・
三葉海棠 P.175

春榆
P.54

夏山茶 P.66

白樺 P.43

白楊木
P.42

垂柳
P.39

日本榿木
P.51

枹櫟 P.32

山毛櫸 P.140

旌節花 P.59

桃
P.38

欓木 P.147

穗序蠟瓣花
P.45

榛果
P.46

白楊
P.42

麻櫟·栓皮櫟·
栗子 P.36~37

木天蓼
P.50

欓木
P.52

櫻花
P.60~61

遼東榿木 P.51

山桐子 P.48

楮樹·桑樹
P.170~171

水楢 P.33

天使喇叭 P.126

髭脈榿葉樹 P.35

奇異果 P.50

槲樹 P.34

玉鈴花 P.49

※ 葉片的大小：實物的 30 ～ 40%　　※ 藍字是藤本植物

B 葉緣有鋸齒・互生・常綠
解說在 P.74 ～ 90

假黃楊
P.89

凹葉枰木
P.87

烏岡櫟
P.78

馬醉木
P.80

枰木
P.87

火刺木
P.88

草莓樹
P.79

厚葉石斑木
P.79

茶梅・
冬茶梅
P.85

茶樹
P.86

日本灰木
P.156

冬青
P.90

杜英
P.164

石楠
81

栲樹
P.154

枸骨
P.90

山茶
P.84

扶桑
P.173

楊梅
P.164

黑櫟・
白背櫟
P.77

硃砂根
P.82

冬青
P.77

青剛櫟
P.76

百兩金
P.82

蜜柑
P.150

大葉冬青 P.75

枇杷 P.74

6

C 葉緣有鋸齒・對生・落葉
解說在 P.98 ~ 107

不分裂葉

大花六道木
P.97

衛矛
P.98

溫州六道木
P.97

歐洲山梅花
P.101

白棠子樹
P.99

基隆英蒾 P.106

金鐘花
P.100

齒葉溲疏・
阿里山溲疏
P.101

連翹
P.100

紫珠
P.99

齒葉溲疏
P.101

雞麻 P.58

馬纓丹 P.100

流蘇樹 P.121

粉團 P.107

連香樹 P.103

英蒾 P.106

蝴蝶戲珠花 P.107

小繡球
P.105

醉魚草
P.120

西南衛矛 P.98

圓錐繡球 P.105

錦帶花 P.102

海州常山 P.125

山繡球
P.104

長葉繡球 P.105

額繡球 P.104

假繡球 P.107

※ 葉片的大小：實物的 30 ～ 40%　※ 藍字是藤本植物

7

D 葉緣有鋸齒・對生・常綠
解說在 P.91 ～ 97

E 葉緣平滑・互生・落葉
解說在 P.126 ～ 145

日本茵蓣
細梗絡石
P.111

大花六道木
P.97

加寧桉
P.148

斑葉品種的
日本衛矛
P.93

紫金牛
P.82

日本茵蓣
P.111

柊樹
P.91

銀桂
P.92

日本衛矛
P.93

丹桂
P.92

齒葉木樨
P.91

紅果金栗蘭
P.94

珊瑚樹
P.96

東瀛珊瑚
P.95

假枇杷
P.130

白玉蘭
P.128

天使喇叭
P.126

日本厚朴
P.127

※ 葉片的大小：實物的 40 ～ 50%

日本小檗·
枸杞
P.144

小葉胡頹子
P.143

藍莓
P.73

紫薇
P.137

山杜鵑
P.145

白鵑梅
P.69

三葉杜鵑
P.145

平戶杜鵑
P.146

星花木蘭
P.129

蓮華杜鵑
P.145

大葉釣樟·
大果山胡椒
P.142

腺齒越橘
P.73

木半夏
P.143

菝葜
P.139

白葉釣樟
P.142

小果珍珠花
P.141

山毛櫸
P.140

烏桕
P.136

銀杏
P.195

黃櫨
P.134

結香
P.138

柳葉木蘭
P.129

臭常山
P.133

燈台樹
P.132

紫荊·
雙花木
P.135

日本辛夷 P.129
紫玉蘭 P.128

白木烏桕 P.141

柿樹
P.131

野桐 P.192

※ 葉片的大小：實物的 30 ～ 40%　※ 藍字是藤本植物

F 葉緣平滑・互生・常綠
解說在 P.146 ～ 169

假葉樹 P.67

相思樹 P.2

杜鵑 P.146

窄葉
火刺木
P.88

櫸木
P.147

平戶杜鵑
P.146

美麗串錢柳
P.149

全緣葉冬青 P.156
蚊母樹 P.158

胡頹子
P.155

瑞香
P.163

羅漢松
P.224

尤加利
P.148

刻脈冬青 P.157

圓葉車輪梅 P.79

枸骨 P.90

心葉桉
P.135,148

楊梅
P.164

海桐
P.163

厚皮香
P.162

日本茵芋
P.161

日本柚子
P.150

姬胡頹子
P.155

紅淡比
P.160

月桂樹
P.152

白花八角 P.161
含笑花 P.159

百兩金
P.82

栲樹
P.154

樟樹
P.152

鐵冬青
P.157

紅楠 P.166
烏心石 P.159

白新木薑子 P.151
肉桂 P.153

蜜柑
P.150

圓葉胡頹子 P.155

三菱果樹參
P.196

石楠杜鵑
P.165

青剛櫟
P.76

日本石櫟
P.167

洋玉蘭
P.169

交讓木 P.168

G 葉緣平滑・對生・落葉
解說在 P.115 ～ 125

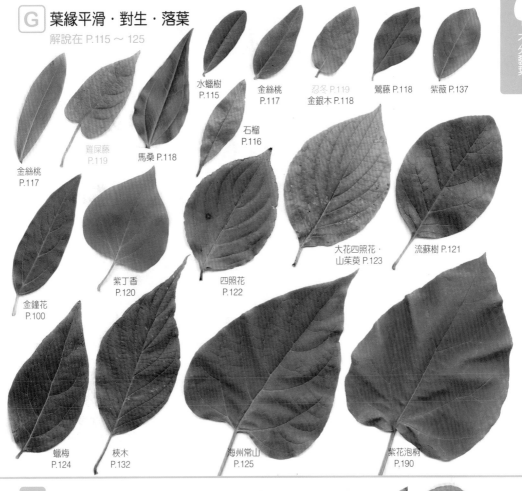

金絲桃
P.117

雞屎藤
P.119

馬桑 P.118

水蠟樹
P.115

石榴
P.116

金絲桃
P.117

忍冬 P.119
金銀木 P.118

鷲藤 P.118

紫薇 P.137

金鐘花
P.100

紫丁香
P.120

四照花
P.122

大花四照花・
山茱萸 P.123

流蘇樹 P.121

蠟梅
P.124

梣木
P.132

海州常山
P.125

紫花泡桐
P.190

H 葉緣平滑・對生・常綠
解說在 P.108 ～ 114

小葉黃楊
P.110

黃楊
P.110

六月雪
P.110

Boxwood
P.110

伏牛花
P.82

香桃木
P.114

圓葉尤加利
P.148

細梗絡石
（葡萄蔓）
P.111

金絲桃
P.117

柊樹 P.91

竹柏 P.112

細梗絡石
P.111

日本女貞 P.113

橄欖
P.114

丹桂
P.92

梔子花
P.109

香港四照花
P.122

天竺桂 P.153

夾竹桃
P.108

※ 葉片的大小：實物的 30 ～ 50% 　※ 藍字是藤本植物

分裂葉

I 葉緣有鋸齒・互生・落葉

解說在 P.170 ～ 182

冠蕊木 P.175

木槿 P.173

三葉海棠 P.175

王瓜 P.178

紅葉莓 P.174（深裂葉）

苦莓 P.174

紅葉莓 P.174（細長葉）

葡萄 P.177

桑樹・楮樹 P.170 ～ 171 （幼株）

崖葛山葡萄 P.177 幼株

紅葉莓 P.174

粗葉山葡萄 P.177

地錦 P.176

桑樹 P.171

楮樹 P.170

楓香樹 P.180

北美楓香樹 P.180

木芙蓉 P.172

刺楸 P.179

野桐 P.192（幼株）

無花果 P.182

紫葛 P.177

懸鈴木 P.181

12

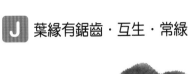 **J** 葉緣有鋸齒・互生・常綠

扶桑花 P.173
（葉裂品種）

寒莓 P.174

八角金盤
P.183

 **K** 葉緣有鋸齒・對生・落葉
解說在 P.184～188

雞爪槭 P.184

三角槭
P.188

花槭
P.188

山楂葉槭
P.187

山紅葉楓 P.184

大紅葉掌葉槭 P.184

小羽扇槭 P.186

羽扇槭 P.186

糖楓 P.189

枝垂楓 P.185

瓜皮槭 P.187

橡葉繡球 P.105

紫花泡桐（幼株）P.190

※ 葉片的大小：實物的 25～35%　※ 藍字是藤本植物

分裂葉

13

L 葉緣平滑・互生・落葉
解說在 P.191 ～ 195

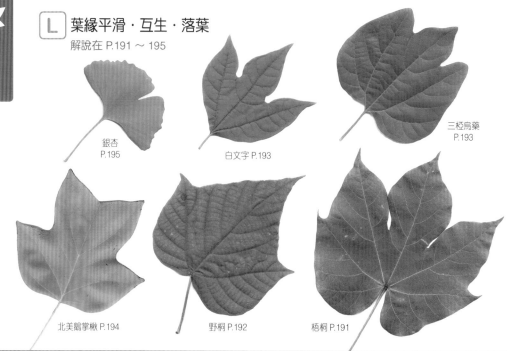

銀杏
P.195

白文字 P.193

三椏烏藥
P.193

北美鵝掌楸 P.194

野桐 P.192

梧桐 P.191

M 葉緣平滑・互生・常綠
解說在 P.196 ～ 198

亞字常春藤
P.197

丁字常春藤
P.197

矮棕竹
P.198

三菱果樹參 P.196

垂葉棕櫚
P.198

加拿列常春藤 P.197

N 葉緣平滑・對生・落葉
解說在 P.188 ～ 190

三角槭
P.188

羽扇槭
P.189（幼葉）

鬼板屋
（鬼板屋楓）P.189

紅板屋楓
（猿猴楓）
P.189

紫花泡桐
P.190

O1 葉緣有鋸齒・互生・落葉

疏刺五加 P.200

漉油 P.200

黑莓 P.174（大型葉）

虎葛 P.202

O1～4 的解說在 P.199～202

O3 葉緣平滑・互生・落葉

木通 P.202

O2 葉緣有鋸齒・對生・落葉

枝垂楓 P.185

日本七葉樹 P.199

O4 葉緣平滑・互生・常綠

鵝掌藤 P.201

石月 P.201

P1 葉緣有鋸齒・互生・落葉

毒漆藤 P.204（小型葉）

茅莓 P.208

木香花 P.209

三葉木通 P.202

地錦 P.176（小型葉）

鷹爪 P.200

蓬蘽 P.208

P2 葉緣有鋸齒・對生・落葉

P1～4 的解說在 P202～208

連翹 P.100（長得很長的枝條）

眼藥木 P.207

梣葉槭 P.207

P3 葉緣平滑・互生・落葉

金雀花 P.207

胡枝子 P.205

三葉木通 P.202

毒漆藤 P.204

野葛 P.203

P4 葉緣平滑・對生

迎春花 P.206

雲南素馨 P.206

※ 葉片的大小：實物的 15～30% ※ 藍字是藤本植物

Q 葉緣有鋸齒・互生・落葉

解說在 P.208 ～ 219

木瓜花 P.209

野薔薇 P.209

山椒 P.210

毛漆樹
P.224（幼株）

薔薇 P.209

蓬藁 P.208

合花楸 P.211

珍珠梅 P.211

苦木 P.212

羅氏鹽膚木 P.213

水胡桃 P.215

胡桃楸 P.214

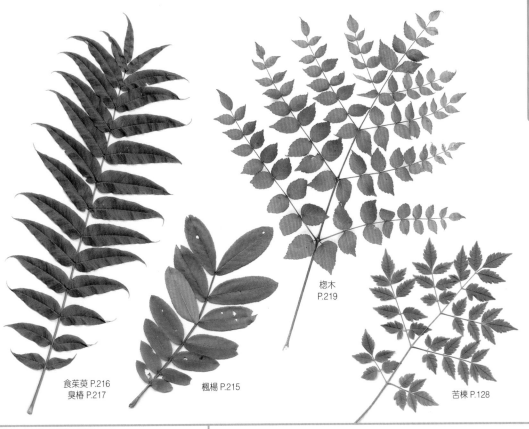

椆木
P.219

食茱萸 P.216
臭椿 P.217

楓楊 P.215

苦楝 P.128

R 葉緣有鋸齒・
互生・常綠

解說在 P.220

十大功勞
P220

湖北十大功勞
P220

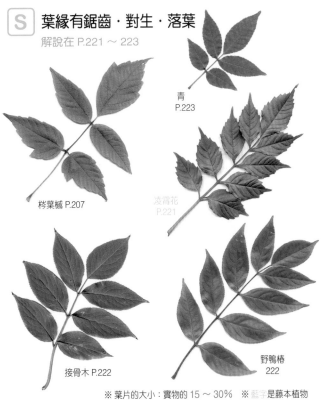

S 葉緣有鋸齒・對生・落葉

解說在 P.221 ～ 223

青
P.223

梣葉槭 P.207

凌霄花
P.221

接骨木 P.222

野鴨椿
222

※ 葉片的大小：實物的 15 ～ 30% ※ 藍字是藤本植物

T 葉緣平滑・互生・落葉
解說在 P.224 ～ 230

胡桃 P.214

合歡
P.230

槐樹
P.228

刺槐 P.229

朝鮮槐 P.228

日本紫藤
P.227

毛漆樹
P.224

木蠟樹
P.225

無患子
P.226

臭椿 P.217
食茱萸 P.216

U 葉緣平滑・互生・常綠
解說在 P.231 ～ 233

貝利氏相思樹
P.231

南天竹
P.232

V 葉緣平滑・對生・常綠

銀荊 P.213

蘇鐵 P.233
棕櫚類 P.198

光蠟樹 P.223

※ 葉片的大小：實物的 15 ～ 30%

W1 排列成羽毛狀・常綠

解說在 P.234 ～ 237

日本紅豆杉
P.236

雲杉
P.234

日本冷杉
P.235

歐洲雲杉・薩哈林雲杉
P.234

日本紅豆杉 P.236

日本榧樹
P.237

日本榧樹
P.237

蘇鐵 P.233
棕櫚類 P.198

W2

排列成羽毛
狀・落葉

水杉・落羽松
P.238

X1 簇生・常綠

解說在 P.240 ～ 245

矮紫杉
P.26

杜松
P.241

龍柏
P.248
（修剪掉的樹枝）

喜馬拉雅雪松
P.240

日本五葉松 P.243

白千層 P.149

日本柳杉
P.241

松樹 P.242

日本金松
P.244
多花相思樹
P.231

羅漢松
P.244

大王松
P.243

絲蘭・
澳洲朱蕉
P.245

X2

簇生・落葉

落羽松
P.239

Y 解說在 P.246 ～ 249

美國側柏
P.247

龍柏 P.248

金冠柏 P.249

金線花柏
P.249

日本扁柏・
日本花柏
P.246

羅漢柏
P.246

側柏
P.247

落磯山
杜松
P.249

美國側柏
Europe Gold
P.249

※ 葉片的大小：實物的 20 ～ 50%

花的色別一覽表

把顯目的花依照顏色分類，依照四季的
順序，把外形相似的排在一起。

**紅色～
橘色**

早春
梅 P.63

山茶 P.84

春
寒梅 P.64

紅花結香 P.138

花楸 P.188

連香樹 P.103

槭葉等 P.184～186

杜鵑類 P.145～146

石楠杜鵑 P.165

夏
腺齒越橘等 P.73

薔薇 P.209

扶桑花 P.173

凌霄花 P.221

石榴 P.116

美麗串錢柳 P.149

馬纓丹 P.100

秋
丹桂 P.92

粉紅色

冬
冬茶梅 P.85

春
乙女椿 P.84

杏·梅 P.63

紫荊 P.135

瑞香 P.163

鶯藤 P.118

星花木蘭 P.129

桃 P.38

櫻花 P.60～61

八重櫻 P.60

光皮木瓜 P.65

寒梅 P.64

大花四照花 P.123

杜鵑類 P.145～146

石楠杜鵑 P.165

檵木 P.147

馬醉木 P.80

夏
吊鐘花 P.40

錦帶花 P.102

雙色錦帶花 P.102

大花六道木 P.97

繡球花 P.104

合歡 P.230

紅花七葉樹 P.199

日本紫珠 P.99

鐵冬青 P.157

茅莓 P.208

天使喇叭 P.126

木槿 P.173, 木芙蓉 P.172

夾竹桃 P.108

紫薇 P.137

馬纓丹 P.100

雞屎藤 P.119

秋
胡枝子 P.205

**紫色～
藍色**

春

木通 P.202

紫玉蘭 P.128

紫花泡桐 P.190

紫藤 P.227

楮樹 P.170

紫丁香 P.120

苦楝 P.218　　交讓木 P.168　　繡球花 P.104　　小繡球 P.105　　醉魚草 P.120　　枸杞 P.144　　夏　秋　野葛 P.203

黃色　冬　蠟梅 P.124　　慈善十大功勞 P.220　　春　檵木 P.147　　相思樹 P.231　　大花山茱萸 P.123　　三椏烏藥等 P.193,P142

旌節花 P.59　　穗序蠟瓣花 P.45　　結香 P.138　　連翹 P.100　　金雀花 P.206　　迎春花 P.206　　重瓣棣棠花 P.58

木香花 P.209　　白花八角 P.161　　十大功勞 P.220　　柿樹 P.131　　槭類 P.186~189　　日本小蘗 P.144　　全緣葉冬青 P.156,75,90

大葉釣樟 P.142　　月桂樹 P.152　　山椒 P.210　　柳樹 39　　麻櫟 P.37　　地錦等 P.176~P177　　漆類 P.224~225

夏　櫟樹類 P.76~78　　栲樹 P.154　　日本石櫟 P.167　　野桐 P.192　　棕櫚 P.198　　金絲桃 P.117　　北美鵝掌楸 P.194

南五味子 P.83　　忍冬 P.119　　秋　厚皮香 P.162　　金桂 P.92　　凹葉枰木 P.87　　白新木薑子 P.151　　十大功勞 P.220

黃綠色　春　橙木 P.52　　昌化鵝耳櫪 P.53　　櫟樹類 P.32~34　　櫟樹類 P.76~78　　胡桃類 P.214~215　　大果山胡椒 P.142

菝葜 P.139　　紅楠 P.166　　朴樹 P.56　　桑樹 P.171　　衛矛類 P.98,93,111　　南蛇藤 P.47　　青莢葉 P.67

※ 藍字 是藤本植物

夏

紅果金栗蘭 P.94　崀葉山葡萄 P.177　虎葛 P.202　天竺桂 P.153　烏桕 P.136　棗 P.151　三菱果樹參等 P.196~197

茶色　冬　春

日本赤楊 P.51　亞洲長啄榛 P.46　疏花鵝耳櫪 P.53　水杉等 P.238　白樺 P.43　日本柳杉 P.241

秋

日本扁柏 P.246　山毛欅 P.140　松樹 P.242　東瀛珊瑚 P.95　楊梅 P.164　榔榆 P.54　喜馬拉雅雪松 P.240

白色　早春　春

貓柳 P.39　梅 P.63　李 P.38　大島櫻 P.61　白玉蘭 P.128　柳葉木蘭：日本辛夷 P.129

烏心石 P.159　深山含笑 P.169　紅葉莓 P.174　蓬蘽 P.208　大花四照花 P.123　瑞香 P.163　珍珠繡線菊 P.41

枛木 P.87　馬醉木 P.80　吊鐘花 P.40　藍莓 P.73　杜鵑類 P.146,165　白鵑梅 P.69　シロヤマブキ P.58

三葉海棠・圓葉海棠 P.175　野薔薇 P.209　厚葉石斑木 P.79　石楠 P.81　火刺木 P.88　日本茵芋 P.161　糙葉樹 P.57

石月 P.201　胡頹子（落葉樹）P.143　六月雪 P.110　伏牛花 P.82　金銀木等 P.118~119　白花檵木 P.147　日本灰木 P.156

六月莓 P.68　接骨木 P.222　灰葉稠李 P.62　麻葉繡線菊 P.41　紫丁香 P.120　青 P.223　流蘇樹 P.121

夏

日本厚朴 P.127　洋玉蘭 P.169　梔子花 P.109　四照花 P.122　夏山茶 P.66　歐洲山梅花 P.101　木天蓼・奇異果 P.50

刺槐 P.229　野茉莉 P.70　玉鈴花 P.49　細梗絡石 P.111　齒葉溲疏 P.101　水蠟樹 P.115　小果珍珠花 P.141

繡球花等 P.104,105,107　蝴蝶戲珠花 P.107　毛葉石楠 P.72　燈台樹 P.132　合花楸 P.211　莢蒾 P.106　海桐 P.163

大花六道木 P.97　冠蕊木 P.175　蜜柑 P.150　樟樹 P.152　硃砂根 P.82　假黃楊 P.89,刻脈冬青 P.157　日本椴樹 P.44

日本七葉樹 P.199　栗 P.36　髭脈愷葉樹 P.35　珍珠梅 P.211　南天竹 P.232　日本女貞 P.113　珊瑚樹 P.96

光蠟樹 P.223　槐樹 P.228　食茱萸 P.216　楤木 P.219　羅氏鹽膚木 P.213　梧桐 P.191　臭椿 P.217

漉油 P.200　黃櫨 P.134　白千層 P.149　杜英 P.164　香桃木 P.114　王瓜 P.178　海州常山 P.125

紫薇 P.137　夾竹桃 P.108　木芙蓉 P.172,木槿 P.173　天使喇叭 P.126　秋　尤加利 P.148　絲蘭 P.245　藤胡頹子 等 P.155

柊樹 P.91　銀桂 P.92　茶樹 P.86　茶梅 P.85　冬　草莓樹 P.79　枇杷 P.74　八角金盤 P.183

果實的色別一覽表

把顯目的果實依照顏色分類，依照四季
的順序，把外形相似的排在一起。

紅色

胡頹子（常綠樹）P.155

春

木半夏 P.143

夏

鶯藤 P.118

桃・李 P.38

蓬蘽 P.208

樹莓類 P.174,208

楊梅 P.164

桑樹 P.171

櫻 P.60~61

六月莓 P.68

金銀木 P.118

馬桑 P.118

灰葉稠李 P.62

接骨木 P.222

黃櫨 P.134

槭類 P.184~189

秋

大花六道木 P.97

日本厚朴 P.127

人活 P.202, 石豆 P.201

石榴 P.116

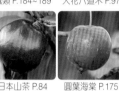
王瓜 P.178

木蓮類 P.128~129,159

日本山茶 P.84

圓葉海棠 P.175

南五味子 P.83

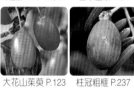
四照花 P.122

棗 P.151

東瀛珊瑚 P.95

大花山茱萸 P.123

柱冠粗榧 P.237

無花果類 P.130,182

草莓樹 P.79

羅漢松 P.244

全緣葉冬青 P.156

厚皮香 P.162

大花四照花 P.123

毛葉石楠 P.72

小葉胡頹子 P.143

菝葜 P.139

白新木薑子 P.151

日本茵芋 P.161

冬青 P.90

鐵冬青等 P.157,75

火刺木 P.88

石楠 P.81

合花楸 P.211

莢蒾 P.106

珊瑚樹 P.96

粉團 P.107

南天竹 P.232, 山桐子 P.48

硃砂根等 P.82

紅果金粟蘭 P.94

落霜紅・大柄冬青 P.71

日本紅豆杉 P.236

基隆莢蒾 P.106

日本小蘗・枸杞 P.144

三葉海棠 P.175

野薔薇 P.209

刻脈冬青 P.157

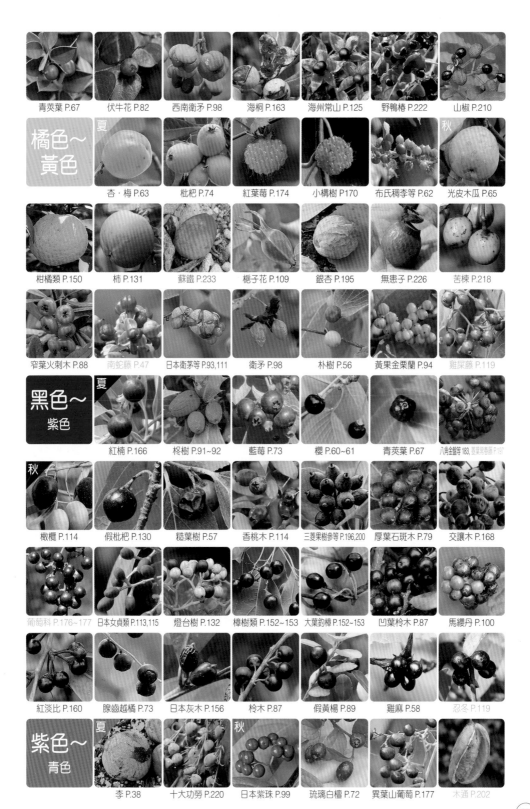

青莢葉 P.67	伏牛花 P.82	西南衛矛 P.98	海桐 P.163	海州常山 P.125	野鴨椿 P.222	山椒 P.210

橘色〜黃色 夏

杏·梅 P.63	枇杷 P.74	紅葉莓 P.174	小構樹 P170	布氏稠李等 P.62	光皮木瓜 P.65 秋

柑橘類 P.150	柿 P.131	蘇鐵 P.233	梔子花 P.109	銀杏 P.195	無患子 P.226	苦楝 P.218

窄葉火刺木 P.88	南蛇藤 P.47	日本衛茅等 P.93,111	衛矛 P.98	朴樹 P.56	黃果金栗蘭 P.94	雞屎藤 P.119

黑色〜紫色 夏

紅楠 P.166	柊樹 P.91~92	藍莓 P.73	櫻 P.60~61	青莢葉 P.67	八角金盤等 183, 菱葉常春藤 P.197

秋

橄欖 P.114	假枇杷 P.130	糙葉樹 P.57	香桃木 P.114	三菱果樹參等 P.196,200	厚葉石斑木 P.79	交讓木 P.168

葡萄科 P.176~177	日本女貞類 P.113,115	燈台樹 P.132	樟樹類 P.152~153	大葉釣樟 P.152~153	凹葉枔木 P.87	馬纓丹 P.100

紅淡比 P.160	腺齒越橘 P.73	日本灰木 P.156	枔木 P.87	假黃楊 P.89	雞麻 P.58	忍冬 P.119

紫色〜青色 夏

秋

李 P.38	十大功勞 P.220	日本紫珠 P.99	琉璃白檀 P.72	異葉山葡萄 P.177 木通 P.202

※ 紅字是可能誤食的代表性有毒果實（紅字以外的果實不一定可以食用）。藍字是藤本植物

白色 夏 | 秋

柳樹 P.39, 白楊 P.42　龍柏 P.248　側柏 P.247　烏桕 P.136　白實萬兩 P.26　卿梗絡石 P.111

綠色～茶色 秋

寒梅 P.64　胡桃 P.214　白花八角 P.161　亞洲長啄榛 P.46　日本椆樹 P.237　杜英 P.164

大果山胡椒等 P.142,P193　野茉莉類 P.70,49　旌節花 P.59　白鵑梅 P.69　棣棠花 P.58　黃楊 P.110　日本紫藤 P.227

槐樹 P.228　日本鵝耳櫪 P.53　白樺 P.43　昌化鵝耳櫪·疏花鵝耳櫪 P.53　槭類 P.184~189,207　水胡桃 P.215　光蠟樹 P.223

茶色 秋

蚊母樹（蟲癭）P.158　日本七葉樹 P.199　懸鈴木 P.181　北美楓香樹 P.180　蠟梅 P.124　紫花泡桐 P.190

木芙蓉 P.172　茶梅等 P.84~86　山毛櫸 P.140　連香樹 P.103　夏山茶 P.66　木槿 P.173　杜鵑類 P.145~146,165,40

紫薇 P.137　錦帶花 P.102　穗序蠟瓣花 P.45　齒葉溲疏 P.101　馬醉木等 P.80,35,141　繡球花類 P.104~105　野桐 P.192

木蠟樹 P.225　羅氏鹽膚木 P213, 漆樹 P.224　臭常山 P.133　美麗串錢柳 P.149　合歡 P.230　日本野葛 P.203　豆科 P.135,227~231

梧桐 P.191　北美鵝掌楸 P.194　日本椴樹 P.44　槭類 P.184~189,207　臭椿 P.217　榔榆 P.54　櫸樹 P.55

※ 紅字是可能誤食的代表性有毒果實（紅字以外的果實不一定可以食用）。　是藤本植物

 橡實一覽

以下列舉的大多是山毛櫸科的果實（堅果、橡實）。
區別的重點是殼斗是呈網狀紋路，或者條紋模樣
（櫟樹類）。

全部都是
實物尺寸

石櫟 P.167
體型偏長，底部凹陷

水楢 P.33
殼斗深的大型種

麻櫟 P.37
體型圓又大。殼斗的外型像海葵

栓皮櫟 P.37
外型和麻櫟非常相似。差異在
於前端較粗，也更往前突出

長椎栲 P.154
形狀細長。被皮狀的殼斗所包覆

枹櫟 P.32
殼斗淺的小型種

烏岡櫟 P.78
前端長毛。是櫟樹類中唯一
殼斗具網紋的種類

槲樹 P.34
前端伸展很長。
殼斗的模樣像草皮

長尾栲 P.154
外型與長椎栲相似，
但較為渾圓

野生栗 P.36
外型像是縮小版
的栗子

椆櫟 P.76
表面覆蓋著一層薄毛

白背櫟 P.77
殼斗的紋路呈鋸齒狀

青剛櫟 P.76
形狀較寬。
成熟速度緩慢

黑櫟 P.77
體型較為瘦小

毬果一覽

以下列舉的主要是針葉樹的果實（毬果、
球果）和與其相似的闊葉樹的果實。

大王松 P.243

歐洲雲杉 P.234

薩哈林雲杉 P.234

黑松 P.242

赤松 P.242

日本落葉松 P.239

日本柳杉 P.241

落羽松 P.238

榿木 P.52

日本赤楊 P.51

水杉 P.238

喜馬拉雅雪松 P.240

日本冷杉 P.235

日本五葉松 P.243

側柏 P.247

美國側柏 P.247

日本扁柏 P.246

日本花柏 P.246

樹皮一覽

樹皮的樣子會隨著樹齡和環境改變，所以光靠樹皮分辨樹木的種類很困難。但如果是特徵如下記的樹木，可以分辨到一定的程度。

橫紋・帶刺

櫻花 P.60~61
帶有明顯的橫紋

桃・李 P.38
帶有橫紋

白樺 P.43
白色的樹幹呈橫向剝落

欅樹 P.55
帶有短橫紋，呈鱗片狀剝落

山椒類 P.210,216
有刺和瘤狀突起

特殊的顏色

紫薇 P.137
呈淡橘色

日本紫莖 P.66
鮮豔的橘色

赤松 P.242
顏色變紅，呈龜甲狀裂開

梧桐 P.191
綠色的樹幹出現直紋

瓜皮槭 P.187
綠黑相間的直紋，菱形紋路

模樣斑駁

懸鈴木 P.181
白・灰・綠・茶色相間

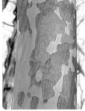
夏山茶 P.66
橘・淺棕・茶色相間

髭脈榿葉樹 P.35
橘・白・茶色相間

光皮木瓜 P.64
綠・淺棕・茶色相間

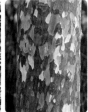
鹿皮斑木薑子 P.166
白・茶・深褐色相間

龜裂

柿樹 P.131
呈龜甲狀裂開

大花四照花 P.123
細細地龜裂

松樹 P.242
呈龜甲狀裂開

丹桂 P.92
帶有菱形的裂紋

三角槭 P.188
呈不規則剝裂

直紋

昌化鵝耳櫪 P.53
灰色的樹幹質地光滑

枹櫟 P.32
裂開，呈黑白交替條紋狀

麻櫟 P.37
質地粗糙，深裂

樟樹 P.152
呈短冊狀細細地裂開

糙葉樹 P.57・根部盤根
錯節・水杉 P.238

樹形一覽 樹形會隨著樹齡、環境、人為加工等因素而改變，所以光靠樹形分辨樹木的種類很困難。但如果是特徵如下記的樹木，可以分辨到一定的程度。

橫向發展

染井吉野 P.60
樹枝低，往橫向生長的櫻花

栲樹 P.154
枝葉茂密，顏色深，葉片背面是金色

野桐 P.192．合歡 P.230
呈倒三角形伸展

杜鵑類 P.40,146．黃楊類 P.89,110
被修剪成圓形，樹高很低

形狀渾圓

欅樹 P.55
呈美麗的扇形

樟樹 P.152
枝葉茂密，顏色是明亮的黃綠色

夾竹桃 P.108
從根部長出許多枝條

燈台樹類 P.122,132
葉和花從平坦的層狀側枝長出

山桐子 P.48
從樹幹呈車輪狀長出樹枝

獨具個性

垂柳 P.39
樹枝低垂，葉片細長

枝垂櫻 P.60
枝條低垂，葉片偏細

紫花泡桐 P.190
幼株會長出巨大的葉片

羅漢松 P.244，松樹 P.242　可修剪成盆栽

龍柏 P.248
側枝扭轉向上，枝葉茂密

樹型細瘦

白楊 P.42
樹形如柱子般細長

北美楓香樹 P.180
樹形呈細三角形，裂葉

連香樹 P.103
偏細的三角形，葉形渾圓

光蠟樹 P.223
翠綠清爽的常綠庭木

相思樹 P.231．尤加利 P.148
灰綠色的葉子具辨識性

圓錐狀樹形

日本柳杉 P.241
枝葉茂密，形狀有如積雨雲

水杉 P.238
黃綠色的葉子到秋天會轉為紅色

喜馬拉雅雪松 P.240
枝端下垂，呈灰綠色

日本冷杉 P.235
樹枝斜斜的往上伸展

針葉樹 P.249
樹高很低，葉子是黃綠色或青綠色

本書的使用方法

本圖鑑利用照片，介紹了約 450 種小朋友在平常熟悉的環境下，包括公園、庭園、學校、市區，以及在雜木林和淺山生態系等野外常見的代表性樹木（包含藤蔓植物和品種等）。解說頁也會將該種樹木在分類中所屬的葉片類型列出，以位於頁數兩端的標誌表示葉片的形態。以下為各位說明如何讀懂解說頁的內容。

●葉子的型態圖示

以圖示表示以葉子分辨樹木時的 4 個重要型態。從上往下依序表示的是葉形、葉緣是否有鋸齒、互生或對生、落葉樹或常綠樹。也可以利用圖示找到刊登的頁數。

●植物的分類

記載該種樹木所屬的科名和屬名。分類則依照以基因定序的最新分類系統（APG IV）。

●樹木的名稱

樹木的名稱因業界和地區而有不同，除了有專屬某一種植物的種名，也有指的是好幾種植物的總稱。本書原則上選擇的大都是簡單好記的名稱，以總稱來說，下段的「主要種類」的項目中，記載了通用此名的樹木種名，有照片展示的則以粗體字標示。在「別名」的項目中，記載的是主要別名，「相似的樹木」的項目中，列出的是外型相似，容易混淆的樹木，並且在括弧內標出所屬的頁數。「總稱」標示的是該種樹木與其他樹木通用的名稱。

●英文名稱

英文名稱，世界各地的稱法各有不同，種類繁多，因此本書以代表性和趣味性為原則，盡量選擇簡單好記的總稱。如果沒有英文名稱，則以學名（全世界通用的拉丁文名）取代，並以羅馬拼音標示發音。

●花朵與果實的月曆

以分布地區為主（以平地的都市地區和山野居多），標示出開花和果實成熟的月份。並著上代表性的花朵顏色和果實成熟的顏色。果實停留在枝椏的時間大多很長，所標示的期間也將這段時間包含在內。不過因地區、海拔、品種等差異，實際上會和標示的時期有所出入。

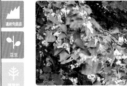

日本椴樹

椴葵科椴樹屬

英文名：Linden

直升機準備起飛

椴樹約有 30 個品種，葉子的形狀像不規則的心形很可愛，堅固的樹皮從以前就被當作製作衣服和繩子的材料。椴樹的材質潔白，廣泛用在家具、裝潢。7 月是花期，會開出小而密集的花，且會散發出濃郁的芳香。椴樹的燕子與菩提樹的燕子十分相近，因此有「北方菩提樹」之稱。常見於日本寺院的菩提樹、和椴樹一樣都是椴屬。椴屬植物的特徵是花朵和果實長在苞片之下，因此，好比機組員的果實，吊掛在螺旋槳形狀的苞片下的模樣，看起來宛如一台直升機。秋天成熟的果實，會隨著風吹旋轉飛行，最後掉落。

開花的椴樹，也看得到螺旋槳形的苞片

椴樹的樹皮縱裂

這棵菩提吊掛著許多正準備飛行的直升機（未成熟的果實）

椴樹↓→
葉片的長度 4～10cm

葉片大多不是左右對稱。椴樹也一種

降落的直升機（苞片和果實）

位於椴樹的葉片背面的葉脈分歧點，有腋毛密生

（90%）

↑菩提椴
又稱菩提樹。原產於中國，被當作佛教的聖樹──菩提樹的替代品，菩提種植於寺院。葉子的長度 5～12cm，葉片背面覆蓋著白色的絨毛

背面（實物尺寸）

背面（實物尺寸）

（90%）

●葉子的掃描圖像

收錄的是以掃描器拍攝的圖像。以藍字標出倍率，以表現實際的大小。如果是 100％，就寫上實物尺寸。並以引出線解說辨識的重點，如果有必要，也會收錄放大和葉背的圖像。文中的「葉長」，表示的是扣掉葉柄後的葉面（葉身）長度。

●樹的照片

收錄具特徵性的花、果實、樹形、樹皮的照片。

●樹高與樹形

分為喬木（高度可長為 10m 以上）、小喬木（約 4～10m）、灌木（約 4m 以下）、藤本植物，書中以插圖表示典型的成齡樹樹形（樹木的姿態）。插圖中的人物，設定為小學 5 年級的平均身高 140cm。下方以 m 標示身邊常見的成齡樹的樹高（樹的高度）。不過，樹高和樹形會隨著樹齡、環境、人為影響而改變。

●分布地圖

大部分的樹（「包含主要種類」）分布的區域。粉紅色部分是只看得到人工栽培的地區，綠色是看得到野生個體，也有人工栽培的地區，至於白色部分則是兩者都看不到的地區。原產國外的樹（外來種）和原產於國內其他地區，後來以人為方式使其野化的地區，則以粉紅色表示。地圖的左上角，以依照容易發現的程度列出可以看得到該種樹的環境，如果是原產於國外，會在括弧內標記原產地。

●樹的多寡

以★ 0～3 個標示樹木可見的數量多寡程度。

★★★：多

★★：不多也不少，普普通通。

★：少。

市區的範圍除了種植在公園和庭院的樹，也包括生長在路邊和空地的樹。野山的範圍除了生長在雜木林、山地、河邊、海邊等處的野生個體，也包含已經野化的原產外國樹木。

●本文

在標題中點出樹木的有趣和令人印象深刻的特徵。為了激發小朋友和入門者的興趣，本文用詼諧、淺顯易懂的方式，進行詳實的說明，同時也介紹了葉子的特徵。有照片出現在該頁的樹木名稱、重要特徵、辨識重點，以粗體字和顏色字表記。提醒植物有毒和會引起搔癢的資訊則以紅字標示。

●插圖

以別出心裁又有趣的方式介紹樹木的特徵和形象，當然除了搞笑，也有一本正經的解說內容。

鋸齒……邊緣呈鋸齒狀的葉片。若沒有鋸齒，邊緣呈平滑狀的稱為全緣葉。

交配……以人工的方式授粉（把雄蕊的花粉傳到雌蕊），使雌花受精。

互生……葉子在莖節上交互排列。

自生……在大自然生長的植物。大多指的是本土原有的種類（在來種或原生種）。意思幾乎等同於野生。

種……生物分類的基本單位。同種之間可繁衍後代。不同種之間繁衍的後代則稱為雜種。

聚合果……最明顯的例子像是覆盆子等看起來由無數的果實聚集成一顆的果實。

小葉……像羽狀葉一樣，以葉面（葉身）分成複數的葉子（複葉）而言，每一面都稱為小葉。

常綠樹……一整年都長著綠色葉子的樹。常綠樹的葉片大多厚實，而且帶有強烈的光澤。

成齡樹……已經成長到經常開花或結果的樹木。

對生……莖的每個節長兩片葉子，彼此相對。

品種……和一般相比，花朵、果實、葉子、樹形等部分形態不同。有的是自然產生，有些是為了園藝和農業之用，由人工培育（園藝品種、栽培品種）而成。

斑葉……葉片和花朵出現顏色不同的紋路（斑紋）。

冬芽……為了越冬所長的芽。裡面包含葉和花的寶寶（原始芽）。冬芽幾乎都是在夏季長出。

變種……和一般相比，花朵、果實、葉子、樹形等部分形態略有不同的野生植物。大多集中分布於特定地區。意思幾乎等同於亞種。

蜜腺……分泌蜜液的部分。有蜜腺的大多是花朵，但有些葉子也有。

雌株……有些種類的樹木有雄雌之分，雄樹稱為雄株，雌樹稱為雌株。雌株開的是雌花，會結果。雄株開的是雄花，不會結果。

重瓣（八重 ）……花瓣比一般的花朵多，疊成好幾層。

葉柄……葉子的柄。平面狀的本體部分稱為葉身。

幼齡樹……剛發芽不久的年幼小樹。

葉脈……分布在葉片內的脈紋。功能是輸送水分和養分。中央的粗葉脈稱為主脈或中脈，往旁邊分出去的葉脈稱為側脈。

落葉樹……大多是葉片在冬天會全部掉落的樹。落葉樹的葉片大多較薄，色彩明亮，但光澤並不明顯。

半成年樹……年輕的樹木。定義不是很明確，大致上指的是比幼齡樹大，但尚未成長到可像成齡樹一樣開花或結果的樹。

不分裂葉

邊緣有鋸齒

互生

落葉樹

枹櫟

山毛櫸科櫟屬
英語名：Ork

喬木

雜木林、山地、公園

總稱：橡樹　相似的樹：水楢（右）、麻櫟（P.37）、槲櫟

花　實 ▸ 1 2 3 4 5 6 7 8 9 10 11 12　出現處 街中 ★　野山 ★★★

7～25m

野生 人工栽培

結出橡實的樹枝。葉片稍微往枝端集中

被銀色毛覆蓋的嫩葉與花。山毛櫸科的花沒有花瓣，看起來並不起眼

裂開的部分是黑色，剩下的樹皮是白色，具縱向條紋。

在住家附近的雜樹林
最常見的樹木

可以在近郊森林中最常見的樹木是什麼呢？如果包含人工種植的樹種，答案可能是柳杉，以天然林而言，數量最多的則是枹櫟。在以往沒有石油和瓦斯的年代，枹櫟被當作柴薪和木炭大量使用，因此非常重要。如果到日本的本州聚落，周邊通常有以枹櫟為主的雜木林。櫟屬的樹木會結出橡實，樹液也常吸引獨角仙前來，即使到了今天，對小朋友而言（尤其是獨角仙迷和橡實迷）可說是稱得上是重要的樹。特徵包括摸起來粗糙不平的葉片，以及黑白相間的縱裂樹皮。

長大後葉緣會出現鋸齒

這個排名在某些地方根本不適用喔。如果只論關東，最多的應該是黑櫟和櫸樹吧

近郊的天然林中數量前三多的樹
（純屬個人意見）

赤松　枹櫟　青剛櫟
1　2　3

背面

（80%）
葉子的長度
6-15cm

有長 1～2cm
的葉柄

葉背有毛，
顏色泛白

果實
（實物尺寸）

橡實長 2cm 左右，
體型偏小。殼斗表面有網紋

生長在公園的枹櫟

32

水楢

山毛櫸科櫟屬
英文名：Ork

喬木

雜木林、山地、公園

總稱：橡樹　日文別名：大楢　類似的樹：枹櫟（左）、楢樹（P.34）、槲櫟

花寶 ▶ 1 2 3 4 5 6 7 8 9 10 11 12　出現處 街中 ★　野山 ★★★

7～25m

野生　人工栽培

不分裂葉

邊緣有鋸齒

互生

落葉樹

雪國的橡木～
森林之王

　　水楢生長的地區比枹櫟更為寒冷，常見於海拔 1000m 等級的高山和北日本。

　　基本上，提到能夠讓水楢生長的環境，大家只要知道是冬天會積雪的地區＝雪國就可以了。特徵是葉片比枹櫟大了一圈，質地明顯粗糙，邊緣的鋸齒粗大，而且幾乎沒有葉柄。它的果實也比枹櫟的大，是熊很愛吃的食物。樹幹和樹枝都很粗，會成長為充滿男性氣概，看起來很威風的大樹，所以這個族群的樹在歐洲號稱「森林之王」。木材的名稱是橡木，也就是英文的 Ork，被用於製造桌子等家具。

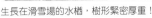

生長在滑雪場的水楢，樹形緊密厚重！

葉片集中長在枝端，到了秋天先轉黃再變紅

邊緣的鋸齒比枹櫟還大，在日本的樹木中屬於最大等級

（80%）
葉片的長度
6～20cm

橡實比枹櫟的大

果實
（實物大小）

樹皮有縱裂深溝，和枹櫟不同，它的樹皮像紙一樣可以撕下來。

幾乎沒有葉柄

別忘了我也是森林之王喔！！

33

槲樹

山毛櫸科櫟屬

日文漢字：槲、柏　英文名：Daimyo oak

別名：柞樹　相似的樹：槲櫟、水楢（P.33）、枹櫟（P.32）

花實 ▶ 1 2 3 4 5 6 7 8 9 10 11 12　出現處 街中 ★　野山 ★

喬木

庭院、公園、山地、海岸、草原

3～15m

野生　人工栽培

野生的槲樹零星分布在海岸和高原，以北海道最多。

包覆柏餅的葉子，可吃也可以當作盤子

在日本為了慶祝兒童節吃的柏餅，外面包裹的就是槲樹的葉子。槲樹葉的特徵是體積大，邊緣呈波浪狀。不過，西日本有很多地方並不使用槲樹的葉子，而是用菝葜葉包裹柏餅。以前，只要像盤子一樣，可以用來包裹食物的葉子都稱為「柏葉（槲樹的日文是柏）」。槲樹的枯葉即使到了冬天也不會掉落，直到新葉長出才會「讓位」，因此被視為象徵子孫綿延不絕的吉祥物，也成為庭院常見的樹木。不過，最近的庭院看不到槲樹了。庭園樹木之王的寶座已經換成其他種樹了。

葉柄非常短。葉子背面有很多絨毛。

果實（橡實）

包覆住柏餅

即使是冬天，枯葉也大多留在樹枝上

樹皮很厚，所以不怕火燒。不論在自然或人為的森林大火之後，依然能存活下來。

邊緣呈波浪形，一點也不尖銳

（50%）

髭脈愷葉樹

愷葉樹科愷葉樹屬

日文漢字：令法　英文名：Sweet pepperbush

小喬木　2～7m

雜木林、山地、公園、庭園
野生　人工栽培

日文別名：畑守　類似的樹：紫薇（P.137）、夏山茶（P.68）、酸模樹

花曆▶ 1 2 3 4 5 6 7 8 9 **10 11 12**　出現處　**街中** ★　野山 ★★

不分裂葉

邊緣有鋸齒

互生

落葉樹

即使上了年紀
也不一定會禿

　　髭脈愷葉樹最明顯的特徵是樹皮。樹皮會隨著年齡的增長逐漸變禿，出現橘色、米色、白色等斑紋。一般而言，老樹的樹幹會像紫薇一樣變得光禿禿，但偶爾也會留著完整的樹皮，質地顯得粗糙。樹木上了年紀後，樹幹變禿的程度和人一樣因個體而異。葉形是往葉尖逐漸變寬，並且集中長在樹枝的前端。嫩葉汆燙後可拌入飯裡，做成「令法飯」，不過味道沒有特別出色，所以不是很受歡迎。

大多生長在山脊和乾燥的樹林，會長出小白花，結成長穗

樹皮完整脫落，表面變得斑駁的樹幹

樹皮沒有完整脫落，顯得質地粗糙的樹幹

如果變得光禿禿，很容易長蟲和藏汙納垢呢！

葉片的長度是6～15cm。中央的葉脈（主脈）大多會變紅

背面（70%）

嫩葉　（80%）

35

栗

山毛櫸科栗屬

日文漢字：栗　英文名：Chestunt

日文別名：山栗、柴栗　類似的樹：麻櫟（右）、栓皮櫟、枹櫟（P.32）

花蕾 ▶ 1 2 3 4 5 6 7 8 9 10 11 12　出現處 街中 ★　野山 ★★

喬木

雜木林、山地、田地、公園

5～15m

野生 人工栽培

葉片的長度是8～20m。人工栽培的栗子，葉片也比較大

（200%）

（80%）

和麻櫟不一樣，栗樹的葉子連鋸齒前端都是綠色（200%）

背面（70%）

背面的顏色比麻櫟淺

甘栗是原產中國的板栗，大小和山栗差不多

有許多果實都有蟲蛀的痕跡

山栗的果實（實物大小）

即使錯過了也不可惜的
野生栗子

　　如果能在秋天上山的時候撿到栗子是多麼讓人開心的事啊！可能很多人都不知道，在嘉義阿里山下的中埔鄉，也有種著栗樹，個頭非常小，果實還被一層尖刺包裹著，不小心扎到了很痛。所以想要收集的話很費工夫。比較實際的做法是看看當地特產中心有沒有進貨。我們平常吃的栗子，其實都是經過品種改良，果實已經變得巨大的品種。這樣的品種都在栗子園受到精心栽培。栗樹的葉子和麻櫟非常相似，不過還是可以依照葉緣的鋸齒顏色分辨。

栗子會開出許多排成穗狀的奶油色花朵，看起來十分醒目

人工栽培的栗子，會結出大粒的果實。果實外圍包覆著一層細針狀的殼斗

細細的樹幹呈暗茶色，變粗後樹皮會縱裂

麻櫟

山毛櫸科櫟屬
英文名：Sawtooth Oak

主要種類：麻櫟、栓皮櫟（別名軟木櫟）　類似的樹：栗（左）、枹櫟（P.32）

花實 ▶ 1 2 3 4 5 6 7 8 9 10 11 12　出現處 街中 ★　野山 ★★

喬木

7～25m

雜木林、公園、河邊、田地、山地

野生　人工栽培

不分裂葉

邊緣有鋸齒

互生

落葉樹

不論橡實還是樹液，
人氣都爆表

　　麻櫟分泌的樹液最多，足以吸引大量的獨角仙和鍬形蟲聚集，不僅如此，到了秋天，結出的圓滾滾橡實，個頭可說是最大等級，所以在雜木林也是備受歡迎的人氣王。不過，健康的樹木不會分泌樹液。樹液只會從樹幹有蛾和天牛的幼蟲鑽進鑽出的位置流出來。以人類來說，相當於從結痂處滲出的膿汁。麻櫟的葉片細長，葉緣呈鋸齒狀，質地粗糙，且樹皮裂得很深。外表類似的有野生栓皮櫟，差異在於樹皮裡的木栓層更為發達。

←麻櫟
葉片的長度是 10～22m

（80%）

背面是黃綠色

和栗樹葉的差異在於鋸齒前端的綠色較淡

←栓皮櫟
葉片的背面很白。

背面
（30%）

芽的形狀比栗木葉的尖

果實
（實物尺寸）

麻櫟的橡實和沖繩白背櫟的並列為日本最大等級

麻櫟的樹枝上結了許多綠色的橡實。開出來的花偏黃色（P.21）

麻櫟的樹幹筆直高聳，樹形略呈縱長

麻櫟的樹皮。有明顯的縱裂深溝，即使用手指按壓也不會凹陷

栓皮櫟的樹皮。木栓層發達，手指一按就凹陷了。

37

桃

薔薇科桃屬
英文名：Peach

小喬木

庭院、公園、田地（原產於中國）

2～5m

人工栽培

類似的樹▶李、黑棗（又名西洋李）、布氏稠李（P.62）、梅（P.63）

花實▶ 1 2 3 4 5 6 7 8 9 10 11 12　　出現處 街中 ★★　野山 ★

桃子→
葉片的長度是 7～16cm

桃子的果實

葉緣的鋸齒又細又鈍

怎麼會有桃子呢？

有些葉片從葉基開始變寬，也有些在葉尖變寬

葉子往前端逐漸加寬

（80%）

通常葉柄上有兩顆突起的蜜腺

←李子
又稱酸桃。原產於中國的落葉小喬木。開白色花，果實是紅色～紫色。葉片的長度是 5～12cm

有的葉子有疣狀蜜腺，有的沒有

李子也是桃子嗎？分辨的重點是底部的絨毛

原產於中國的深山，據說在日本的栽培，是從桃太郎的故鄉岡山開始，由此可見，像《桃太郎》的故事中，有桃子漂流在河裡的情況確實可能發生。桃樹的特徵是葉片細長，果實的形狀像臀部一樣帶有下凹的接縫，還覆滿了絨毛。與桃子非常相似的李子，果實也是屁股的形狀，差異在於個頭比桃子小了一點，葉片短了一點，表面也沒有絨毛。有人認為「李子也是桃子的一種」，不過只要從表面有無絨毛，就能夠清楚辨識兩者的不同。

結出幼果的桃樹。特徵是葉片細長

在 3 月時開出桃色的花。花萼也有很多絨毛

樹皮和櫻花樹很相似，都有橫紋

柳樹

楊柳科柳屬
英語名：Willow

喬木～灌木

公園、行道樹、庭院、河灘、濕地、湖畔

主要種類：垂柳、貓柳、河柳、三蕊柳、杞柳

花 實 ▶ 1 2 3 4 5 6 7 8 9 10 11 12　出現處 街中 ★★　野山 ★★

0.5～20m

野生 人工栽培

細長的葉片
有如幽靈的手

生長在河邊或井邊的柳樹下聽說有幽靈出沒……。正如很多的民間故事所描述，有水的地方經常有柳樹。原因是垂柳（原產於中國）的枝條總是低垂，當宛如幽靈伸長手的細長葉片隨風搖曳，確實讓人看了會覺得有幾分毛骨悚然。不過，柳樹和烏心石（P.159）等招靈樹不同，並不是因為具備靈力才有人種植。包括貓柳、河柳等，野生柳樹的種類超過 20 種，大多數都生長在河邊或池塘周圍，雖然會長出細長的葉片，但枝椏不會低垂。

是在召喚我嗎？

背面

（實物尺寸）

—— 葉緣呈細小的鋸齒狀

垂柳→

原產於中國，多種植於水邊和路邊。樹枝垂得很長。也稱為柳樹。葉子的長度是 8～13cm

（實物尺寸）

看得到呈弧狀的長長葉片。背面長了少許絨毛

↓貓柳→

灌木之一。除了生長在各地的河岸，也有人種植在庭院。早春開花，花朵被包覆在一層宛如貓尾巴的銀色絨毛之中。葉子的長度是 6～12cm

背面

種在池塘旁邊的垂柳

河柳的果實。柳樹類的果實都會被一層白色的絨毛包覆。

垂柳的花

生長在河中島的貓柳

不分裂葉

邊緣有鋸齒

互生

落葉樹

吊鐘花

杜鵑花科吊鐘花屬
英文名：Enkianthus

灌木　庭院、圍籬、
公園、行道樹、岩山

0.5～3m　人工栽培

主要種類：台灣吊鐘花、布紋吊鐘花、紅燈台、白燈台
花實▶ 1 2 3 4 5 6 7 8 9 10 11 12　出現處 街中 ★★★ 野山 ★

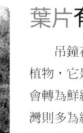

吊鐘花圍籬。即使生長在溫暖地區，葉片也會轉為鮮紅

葉片有如燭火般鮮紅

　　吊鐘花是很受歡迎的綠籬植物和園藝植物，它是一種美麗的樹木，葉片在秋天會轉為鮮紅，春天會開出白色的花朵，台灣則多為紅色。樹枝的生長方式極具特徵性，首先從某一處分枝，再筆直的長出其他枝椏，並在前端長出許多小葉片。因為其分枝的樣子像古時候的油燈，所以又稱為吊燈花。有點可惜的是，對已經不必點油燈或蠟燭當作照明的現代人而言，恐怕很難想像這個名字的由來。順帶一提，寒冷地區種植的是葉片比較大的布紋吊鐘花。

吊鐘花的白色花朵就像倒掛的風中的小鈴鐺

帶有一絲鮮紅的嫩枝

←布紋吊鐘花↓
主要分布在北海道～九州的寒冷地帶。花瓣帶有粉紅色條紋。葉片的長度是 3～7cm

↓吊鐘花→
野生的吊鐘花難得一見，主要生長在西日本多岩石的山裡。葉片長度 2～4cm

葉緣的鋸齒小到很容易被忽略

（實物尺寸）

變色葉
（實物大小）

冬芽
（實物大小）

燈台
（燈台）

背面

珍珠繡線菊

薔薇科繡線菊屬

英文名：Thunberg's meadowsweet

灌木

庭院、公園、圍籬、行道樹、河岸

別名：噴雪花　相似的樹：麻葉繡線菊、笑靨花、粉花繡線菊、柳樹（P.39）

花 實 ▶ 1 2 3 4 5 6 7 8 9 10 11 12　出現處 街中 ★★　野山 ★

0.5～2m

野生 人工栽培

不分裂葉

邊緣有鋸齒

互生

落葉樹

在春天下的雪雖然不是柳樹，名字卻有柳字

到了櫻花綻放的季節，差不多也是珍珠繡線菊有如積雪般，開出許多白色小花的時節花白如雪，稱為雪柳。它的枝條像垂柳一樣伸得很長，而且葉片也是細細長長，所以名字裡有一個「柳」字。但是，它和柳樹是不同的樹種。它經常在天氣暖和的日子開花。換句話說，就是在正常的開花期結束後又突然開花。外型與其相似的種類包括花序呈密集狀的麻葉繡線菊、花朵為重瓣的笑靨花、會開出粉紅色花朵，莖不會彎曲垂下的珍珠梅，都被視為適合栽培在庭院的樹木。

在春天盛開的珍珠繡線菊。也有開粉紅色花的品種

到了秋天又再度開花的珍珠繡線菊。變色葉介於紅色～橘色

生長在溪谷的珍珠繡線菊。也有人認為這是從庭木野化的個體

葉緣的鋸齒狀很細小

←麻葉繡線菊→
原產於中國。花朵不像珍珠繡線菊密集成簇，而是結成團狀

葉片背面的顏色泛白

←珍珠繡線菊
除了種植於庭院和公園，葉片大多細長，也有稍微寬一點的，長度介於2～4cm 在台灣則分布於海拔2100 公尺的高山上

葉緣的鋸齒呈不規則狀

（實物尺寸）

背面

帶有明顯的光澤

（實物尺寸）

（實物尺寸）

←笑靨花→
花的形狀讓人聯想到蜆貝。原產於中國。葉片的形狀明顯渾圓

笑靨花是重瓣花

白楊木

楊柳科楊屬
英文名：Poplar

主要種類：鑽天楊、卡羅萊納楊、銀白楊　相似的樹木：日本白楊、遠楊

花 ▶ 1 2 3 4 5 6 7 8 9 10 11 12
實 ▶ 1 2 3 4 5 6 7 8 9 10 11 12

出現處 街中 ★★　野山

喬木

公園、行道樹
（以歐洲原產
的居多）

7 ～ 30m

野生　人工栽培

左邊是鑽天楊。右邊是枝椏明顯向外伸展的白楊

白楊木就像一個
愛講話的瘦竹竿

　　白楊木廣植於歐、亞、美洲，其中以外型瘦高的鑽天楊最為知名。鑽天楊大多栽培於北海道和東日本，其樹形就像一把倒立的掃把，讓人過目難忘。楊屬樹木的特徵是葉柄平坦容易受風搖動，當葉片互相摩擦時會產生窸窣的聲音。若有機會到北海道，請各位務必聽聽宛如葉子們正在談天說笑的聲音。

白楊樹的種子被一層白色絨毛包覆，藉由風吹像雪花般飛舞

白楊樹的樹皮不是縱裂，就是分布著菱形皮孔

變色葉
（80%）

鑽天楊→
原產於歐洲～中亞，是黑楊的變種。特徵是三角形的葉片，長度5～9cm

兩種的葉柄都是一捏就會變得平坦

（80%）

葉緣的鋸齒較為圓鈍

（80%）

↑日本白楊
生長在北海道～九州的山地。偶爾會被種植於公園。葉形明顯渾圓，長度5～10cm。日文的別名箱柳

有一對疣狀的蜜腺

白樺

樺木科樺木屬
英文名：White birch

喬木
公園、庭院、行道樹、高原、山地

7～25m

野生　人工栽培

不分裂葉

邊緣有鋸齒

互生

落葉樹

主要種類：白樺（別名樺木）、喜馬拉雅山樺　相似的樹木：岳樺、帝王樺、日本櫻桃樺
花實 ▶ 1 2 3 4 5 6 7 8 9 10 11 12　出現處　街中 ★★　野山 ★★

白色的樹幹看起來像被人隨手寫了一個「ㄟ」

曾經去過北海道或信州，各位在很多地方都會看到樹幹潔白美麗的白樺樹。因此一提到白樺樹，很多人馬上會聯想到氣候乾爽涼快的高原度假村，事實上，也有些飯店、商家和別墅的庭院都會種植白樺。白樺的樹幹和介於橘色～白色的岳樺相似，兩者的區別在於白樺的樹幹會出現ㄟ字形的黑色紋路。上述樹種的樹皮含有大量的油脂，最適合用於起火，甚至在雨天也燒得起來。東京等氣候暖和的地方，因為氣溫過高，不利白樺生長，因此在台灣看不到。

人工栽培的群生白樺林。

雖然看起來很像毛毛蟲，其實到了秋天就會成熟，轉成茶色。花的顏色偏茶色（P.22）

樹皮。長有枝條的部分會形成黑色的ㄟ字形紋路。

白樺↓
葉片呈三角形，長度 6～9cm

葉緣的鋸齒不是很工整，有時候會出現山形

（90%）

剛好可以畫成一個臉耶！

往旁邊伸展的葉脈（側脈）有 5～8 對

背面

↑岳樺
生長在北海道～中部地方、四國的高山。樹皮帶有橘色，沒有ㄟ字形紋路。葉片的側脈有 7～15 對，比白樺多

43

不分裂葉

邊緣有鋸齒

互生

落葉樹

日本椴樹

錦葵科椴樹屬
英文名：Linden

喬木　　山地、雜樹林、公園、神社、庭院
5 ～ 20m

野生　人工栽培

相似的樹：西洋椴、菩提椴、大葉菩提樹、箆之木
花實 ▶ 1 2 3 4 5 6 7 8 9 10 11 12　出現處 街中 ★　　野山 ★★

開花的椴樹，也看得到螺旋槳形的苞片

椴樹的樹皮縱裂

這棵菩提椴吊掛著許多正準備飛行的直升機（未成熟的果實）

直升機準備起飛！

　椴樹約有 30 個品種，葉子的形狀像不規則的心形很可愛，堅固的樹皮從以前就被當作製作衣服和繩子的材料。椴樹的材質潔白，廣泛用在家具、裝潢。7 月是花期，會開出小而密集的花，且會散發出濃郁的芳香。椴樹的葉子與菩提樹的葉子十分相近，因此有「北方菩提樹」之稱。常見於日本寺院的菩提椴，和椴樹一樣都是椴屬。椴屬植物的特徵是花朵和果實掛在苞片之下，因此，好比機組員的果實，吊掛在螺旋槳形狀的苞片下的模樣，看起來宛如一台直升機。秋天成熟的果實，會隨著風吹旋轉飛行，最後掉落。

椴樹↓→
葉片的長度 4 ～ 10cm

降落的直升機（苞片和果實）

葉緣的鋸齒不是很工整

葉片大多不是左右對稱。椴樹也一樣

（90%）

位於椴樹的葉片背面的葉脈分歧點，有絨毛密生

（90%）

背面（實物尺寸）

↑菩提椴
又稱菩提樹。原產於中國。被當作佛教的聖樹——菩提樹的替代品，普遍種植於寺院。葉子的長度 5 ～ 12cm，葉片背面覆蓋著白色的絨毛

背面（實物尺寸）

穗序蠟瓣花

金縷梅科蠟瓣花屬
英語名：Winter hazel

灌木

庭院、公園、圍籬、多岩石的山、溪谷

主要種類：穗序蠟瓣花、少花蠟瓣花、高野蠟瓣花、香蠟瓣花　相似的樹：金縷梅（P.147）

花實 ▶ 1 2 3 4 5 6 7 8 9 10 11 12　出現處 街中 ★★　野山 ★

0.5〜4m

野生　人工栽培

不分裂葉

邊緣有鋸齒

互生

落葉樹

葉子像傘緣一樣呈波浪狀

到了春天，在葉子長出來之前開的黃花很醒目。它的特徵是到了春天，在新葉長出之前，會開出顯眼的黃色花朵。葉形是渾圓的心形，葉緣像傘緣一樣呈波浪狀。野生種只生長在高知（土佐），而土佐水木的名稱源自在春天把枝條切開後，會流出清水般的樹液。不過，土佐水木和水木（山茱萸科）不同，屬於金縷梅科。外型與其非常相似的還有高野蠟瓣花和香蠟瓣花、整體的體型較小，常見於山地灌叢，因喜好強光，所以如要盆栽栽培需放在直射光照射的向陽位置上。

正值花期的穗序蠟瓣花。從根部會長出許多細幹，再長出枝條

穗序蠟瓣花的花。淡黃色的花朵會結成穗垂下

穗序蠟瓣花的葉。葉脈明顯，圓形葉形很漂亮

穗序蠟瓣花的果實。上面還留著角狀的雌蕊，轉為茶色成熟後就會裂開

筆直伸展的葉脈很顯眼

波浪狀的葉緣與雨傘邊緣的形狀相似。但也有不是波浪狀的葉子

變色葉（90%）

葉柄生有絨毛。高野蠟瓣花的葉柄沒有絨毛

↑穗序蠟瓣花
在各地被種植於庭院。葉的長度是 6 〜 11cm。黃色的變色葉很漂亮

（90%）

←少花蠟瓣花
生長於低海拔山區，普遍在各地被種植於庭園。葉、花、果實、樹高都比穗序蠟瓣花小些，葉片的長度是 3 〜 5cm

45

榛果

樺木科榛屬
Hazelnut 英語名：Hazel

灌木

雜木林、山地

1～4m

野生 人工栽培

主要種類：亞洲長啄榛、榛樹、歐洲榛

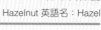
花｜ ▶ 1 2 3 4 5 6 7 8 9 10 11 12　出現處 街中　野山 ★★

亞洲長啄榛會長出帶角的果實，相當獨特。圓圈內的是花

日本的森林也找得 世界三大堅果！？

　　榛果是西點和綜合堅果點心裡常見的熟面孔，和杏仁、腰果並列為世界三大堅果。我們一般常吃的榛果是原產於歐洲的歐榛，其實，日本的森林也生長著和歐榛同為榛屬的亞洲長啄榛和野生榛。相較於常見的亞洲長啄榛，野生榛較為稀有，但果實卻更常被吃，而且味道吃起來就像我們熟悉的榛果。榛果樹喜光，所以一天的日照時數至少要在 5 小時以上，以免花芽形成變少影響到產量。榛果樹特別喜歡肥沃、通氣性良好的砂土。

歐榛的果實。白色的果仁就是榛果

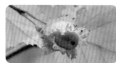

榛樹的未成熟果實和已經成熟的茶色果實。外型與橡實相似

亞洲長啄榛的果仁可以食用，但外皮的毛刺很尖銳，請務必小心

葉緣呈不規則形狀

葉脈呈筆直伸展

葉形非常特殊，好像被什麼東西撕破了

←亞洲長啄榛
生長在北海道～九州的森林，在東日本很常見。葉片的長度6 ～ 12cm

（80%）

↑榛樹
生長在北海道、本州、九州的山野，數量稀少。葉片的長度 7 ～ 14cm

（80%）

南蛇藤

衛矛科南蛇藤屬
英語名：Staff vine

主要種類：南蛇藤、冠葉南蛇藤　相似的樹木：木天蓼（P.50）、梅樹（P.63）

花寶▶ 1 2 3 4 5 6 7 8 9 10 11 12　出現處 街中 ★　野山 ★★

藤本植物　草木茂生之處、雜木林、山地、庭院

1～12m　野生　人工栽培

不分裂葉

邊緣有鋸齒

互生

落葉樹

即使是「擬」，它的果實也還是很鮮豔

在生物學上，所謂的「擬」意思是雖然相似但其實是另一種生物的意思。南蛇藤的葉子與梅樹的葉子相似，但它其實是一種藤本植物，所以又稱蔓梅擬。常見於隨處可見的草木叢生之處，攀爬能力強，連大樹也會被它纏繞。它的最大亮點是秋天成熟時，轉為紅黃相間的果實。而且鮮豔的色彩能維持很長的時間，所以成為很受歡迎的花藝和聖誕花圈的材料，是花店的熱銷品項。另外，最近很流行人造花，所以市面上也出現許多南蛇藤的人造花，各位不妨多留意。

也會開出黃綠色的小花（P.21），但並不顯目

變成黃色的果實會裂成 3 顆，從中露出紅色的種子

冬天時的模樣，果實通常能安然度過冬天，只有雌株會結果

以南蛇藤的果實作為裝飾的花藝作品

一部分的冬芽會變成鉤刺狀，纏繞在其他物體上

枝條（實物尺寸）

葉子大多是往葉尖逐漸變寬的形狀。葉片長度是 5～10cm

（實物尺寸）

葉片背面大多沒有絨毛，如果有，也只有沿著主脈長出少許

有些個體長出的葉片很接近圓形

背面（實物尺寸）

不分裂葉

邊緣有鋸齒

互生

落葉樹

山桐子

楊柳科山桐子屬
英語名：Chinese wonder tree

喬木

雜木林、
山地、公園、
庭園

別名：南天桐　相似的樹木：紫花泡桐（P190）、野桐（P.192）

花實 ▶ 1 2 3 4 5 6 7 8 9 10 11 12　出現處 街中 ★　野山 ★★

7 ～ 15m

野生 人工栽培

有雄株和雌株，雌株在秋天會結出紅色的果實

結實纍纍的果實像鮮紅的葡萄，卻誰也不吃

外型類似紫花泡桐，以前其葉子曾被用來盛飯，因此又稱為飯桐。特徵是從樹幹呈輪狀長出樹枝，使樹形顯得層次分明。到了秋天長像像紅葡萄般的果實，結實纍纍。雖然外表顯目，但味道不佳，所以誰也不吃。不知道是不是因為連鳥也不吃，果實通常能安然度過寒冬。全緣葉冬青和合花楸也是如此，完全不受鳥類的青睞，所以從冬天到春天都看得到這些樹的果實。有些山桐子的葉子是渾圓的心形，葉柄長且顏色泛紅，有兩處（各1對）有疣狀蜜腺。

葉緣一定呈鋸齒狀。野桐和紫花泡桐則是沒有鋸齒狀的葉子也不少

葉子是心形～帶圓的三角形，長度 10 ～ 20cm

（70％）

冬天也保留著大量果實。樹枝往四方伸出的樹形很獨特

蜜腺
（200％）

葉柄帶紅

樹皮平滑，帶有小顆的皮孔

蜜腺
（200％）
葉柄的前端和葉片底端的附近通常各有一對疣狀蜜腺

幼齡樹。葉柄帶紅色的葉片集中在枝端，野桐也是如此

玉鈴花

安息香科安息香屬
英語名：Fragrant snowbell

別名：老開皮　相似的樹木：野茉莉（P.70）、假繡球（P.107）、領春木

花期 ▶ 1 2 3 4 5 6 7 8 9 10 11 12　出現處 街中 ★　野山 ★

小喬木

山地、雜木林、公園、行道樹、寺廟、庭院

4～12m

野生 人工栽培

不分裂葉

邊緣有鋸齒（葉緣平滑）

互生

落葉樹

被葉片包覆的嫩芽，宛如被母親溫柔呵護的嬰孩

　　玉鈴花到了初夏時節會綻放成簇的白色花朵，宛如白雲朵朵，因此又稱為「白雲木」。5-7 月開花，8-9 月結果，不過它和夏山茶（P.66）一樣都被當作佛教聖木「沙羅雙樹」的替代品，所以有時在寺院看得到。葉片的體型大，形狀很接近圓形，葉柄的根部明顯鼓起。如果把葉片從樹枝摘下，就可以看到芽從葉柄露出。在懸鈴木（P.181）也看得到這樣的樹芽。

正如其名，它的花朵有如白雲般清新可人

（70%）

葉緣的鋸齒有些特別突出。有時候也會出現邊緣平整，非鋸齒狀的葉子。葉的長度6～20cm

尚未成熟的果實。秋天成熟後會裂開，露出茶色的種子，樹幹的顏色偏黑，質地平滑

（實物尺寸）

非寶寶

葉柄

拉開葉柄後，從裡面露出的是芽，稱為葉柄內芽

葉柄的根部明顯鼓起，裡面孕育著冬芽

保護冬芽以免受到害蟲等外界危害

噗哎

49

木天蓼

獼猴桃科獼猴桃屬
英語名：Silver vine

藤本植物

山地、草木
茂生之處、
雜木林

3～10m

野生 人工栽培

相似的樹：軟棗獼猴桃、狗棗獼猴桃、奇異果、南蛇藤（P.47）

花實 ▶ 1 2 3 4 5 6 7 8 9 10 11 12　出現處 街中　野山 ★★

葉子到了花期會完全變白，旁邊長出白色花朵（▲P.23）

左邊是正常的果實，成熟時
會從黃綠色轉成橘色，帶有
辣味，可以食用。右邊是被
蒼蠅寄生後形成的癭瘤，把
癭瘤泡酒後，可以發揮改善
冰冷症等藥用效果。

奇異果的枝葉，種植的時候
需要搭建棚架使其攀爬

一種讓貓咪為之瘋狂的危險蔓藤

貓最喜歡的植物莫過於木天蓼了。只
要讓貓拿到木天蓼棒，它就會緊咬著不
放，不但興奮得口水直流，甚至還像喝
醉酒一樣在地上打滾。總之，木天蓼對
貓是一種有點危險的植物。只要走進山
裡，就可看到沿著山谷，生長在草木叢生
之處的木天蓼。到了開花的季節連葉子都
會變白，顯得異常醒目。不過，如果不想
上山去找木天蓼，請各位找找住家附近有
沒有奇異果樹。奇異果和木天蓼都是獼猴
桃屬，對貓同樣具備一定的吸引力。獼猴
桃屬的特徵是長了葉片的樹枝像瘤一樣鼓
起。

（60%）

↓木天蓼

葉片是卵形，長度
7～13cm

葉子是有點
變形的圓形，
葉脈明顯

葉片背面和嫩
葉的表面長有
少許硬毛

（70%）

葉柄和嫩枝、
嫩葉、葉片背
面有很多剛毛

冬天的枝椏
（實物尺寸）

獼猴桃屬的葉基部
的枝條會鼓起來，
裡面藏著芽

葉柄大多參雜
著紅色

↑奇異果→

別名獼猴桃。原產於中國的藤
本植物。種植於庭院和田間，
有時會野化。葉片長度 10～
15cm

日本榿木

相似的樹：遼東榿木、榿木（P.52）、小葉硬毛榿木、河原榿木

喬木

濕地、河川沿岸、湖畔、公園

5～20m

野生 人工栽培

不分裂葉

邊緣有鋸齒

互生

落葉樹

出現處　街中 ★　　野山 ★

總是在水邊發現其蹤影，它會結出黑色的果實

　　找得到榿木的地方，不外乎濕地、河川、湖水、田地等旁邊（畔），所以使用「畔之木」這個名字是簡單好記。近年來隨著土地開發，造成自然的水域環境面積逐漸縮小，導致榿木的數量也不斷下降。它的葉片是一般常見的形狀，最大的特色是整年都會結出比毬果小一點的黑色果實。同屬榿木屬的遼東榿木也會結出非常相似的果實，它與赤楊的差異在於葉形渾圓，葉緣帶有明顯的山形鋸齒狀，而且在乾燥的山地也能生長。

日本榿木↓
葉片略微細長，長度 6～13cm。葉緣的鋸齒不明顯

背面

（70%）

葉脈在葉背突出

果實
（實物尺寸）

（70%）

大小兩層的鋸齒很醒目

↑遼東榿木
生長在山地和谷地沿岸，被種植作綠化之用。葉片長度 8～15cm，與薔薇科的赤楊葉梨相似。葉背多毛，所以又稱為毛榛之木。

在濕地生長的日本榿木。會發展成縱長的樹形

從黑色的果實和細長的葉片即可知道是榿木

日本榿木的樹皮呈縱裂。遼東榿木的樹皮則很光滑

遼東榿木的雄花。茶色的花穗很長。

榿木

樺木科榿木屬
英語名：Alder

喬木～小喬木

路旁的樹林、水壩周邊、山地、雜木林

主要種類：旅順榿木（大夜叉五倍子）、硬榿木（夜叉五倍子）、垂花榿木（姬夜叉五倍子）

花▶ 1 2 3 4 5 6 7 8 9 10 11 12　出現處 街中 ★　　野山 ★★
實▶ 1 2 3 4 5 6 7 8 9 10 11 12

2 ～ 15m

野生　人工栽培

夜叉五倍子→
分布在寒冷山地。葉長 5 ～ 12cm。一個果柄結 1 ～ 3 顆果實。

（80％）

平行排列的側脈很醒目

大夜叉五倍子→
葉子和果實都屬於大型，常栽培於溫暖地區。葉長 6 ～ 15cm

（80％）

表面帶有強烈的光澤

背面（150％）
會分泌帶有香氣的黏液，看起來稍具光澤

果實（100％）
果實的形狀像毬果，一摸會掉出小顆的種子（果實）

水浸也不變壞

　　榿木有即使在不生草木，一片光禿禿的山也能生長的特質。所以，榿木經常被種植在山頭已被削掉的路旁等處，以發揮水土保持和綠化的作用。在防止土石流災害的發生上，可說扮演著重要的角色。且榿木材質紋理細，耐用，有水浸不壞的效果，通常用來製作家具、門窗。在日本一般稱為夜叉五倍子，另外還有葉子較大的，稱為大夜叉五倍子，葉子較小的稱為姬夜叉五倍子。一整年都會結出和日本榿木（P.51）相似的果實，全樹散發一股蜂蜜般的特有香氣，嗅覺靈敏的人只要一靠近就聞得到。

大夜叉五倍子，特徵是一個果柄長一顆果實

大夜叉五倍子的花，很像黃綠色的大隻毛蟲

兩種的樹皮都龜裂脫落

鵝耳櫪

樺木科鵝耳櫪屬
英語名：Hornbeam

喬木～小喬木　雜木林、山地、公園、庭院

5～20m

野生　人工栽培

主要種類：昌化鵝耳櫪、疏花鵝耳櫪、日本鵝耳櫪、千金榆　別名：角樹　相似的樹：鵝耳櫪葉楓

花 實 ▶ 1 2 3 4 5 6 7 8 9 10 11 12　出現處 街中 ★　郊山 ★★★

不分裂葉

邊緣有鋸齒

互生

落葉樹

花朵和果實
都很像神社的紙垂

　　相信有去過或從照片看過日本神社的朋友，應該都對注連繩和垂掛在鳥居的紙垂有印象吧？它和紙垂的相似之處在於花朵和果實也是垂掛在樹上。鵝耳櫪的種類有好幾種，在住家附近的雜樹林常見的是昌化櫪和疏花鵝耳櫪，如果深入山區，就會常常看到鵝耳櫪。鵝耳櫪的果實，看起來很像製造啤酒的啤酒花，外表相當醒目。兩者的葉形都很普通，最大的特色是呈平行排列的側脈很突出。

紙垂

葉尖伸得
很長

←疏花鵝耳櫪
嫩葉、變色葉、花
都帶有紅色。葉長
4～8cm

（90%）

←昌化櫪
是黃綠色（P.21）。
葉長5～9cm

側脈之間長
有白毛

葉柄比疏花
鵝耳櫪的短

鵝耳櫪→
葉長6～
12cm

鵝耳櫪
的果實

結果的昌化櫪。當果實轉為褐色成熟後，就會蹦開被風吹散

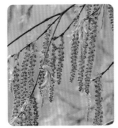

疏花鵝耳櫪的花。鵝耳櫪的花沒有花瓣，看起來較不起眼

昌化櫪的樹皮。帶有灰色的縱紋。疏花鵝耳櫪也有相似的紋路

（90%）

側脈的數量
特別多

榆樹

榆科榆屬
英語名：Elm

主要種類：春榆、椰榆、裂葉榆　相似的樹：欅木（右）、朴樹（左）

花實 ▶ 1 2 3 4 5 6 7 8 9 10 11 12　出現處 街中 ★★　野山 ★
　　　　（春榆）　　　（椰榆）

喬木～小喬木

公園、行道樹、河邊、濕地、山地、海岸

4～25m

野生　人工栽培

不分裂葉

邊緣有鋸齒

互生

落葉樹

初秋的春榆，樹枝平緩伸展的姿態很美

公園的椰榆，給人的印象像是小一號的欅木

椰榆尚為成熟的果實，從紅色轉為褐色成熟後，會隨風飛散

體型大的春榆生長在寒冷地區
體型小的椰榆生長在溫暖地區

　　說到榆樹，很多人馬上會想到北國的水澤地帶。這種榆樹是所謂的春榆，在春天開花與結果。另一方面，氣候相對溫暖的河邊和海邊，則分布著在秋季開花與結果的椰榆。椰榆的高度大約是 10m，葉子也比春榆小得多。如果用兄弟當作比喻，那麼體型大的春榆是哥哥，體型較小的椰榆就是弟弟。兩者的花都沒有花瓣，看起來較不起眼（P.22）。果實是扁平的圓盤形，葉子的形狀像平行四邊形，有點歪斜。

←↓椰榆

分布在溫暖地區。葉長 2～7cm。樹皮呈鱗片狀脫落

大小不一的雙層鋸齒（重鋸齒）

葉緣的鋸齒很突出（單鋸齒）

↓春榆

葉長約 6～15cm

（90%）

葉片非左右對稱，形狀歪斜

春榆的樹皮呈縱裂

（實物尺寸）

背面

欅木

榆科欅屬

英語名：Zelkova

喬木

行道樹、公園、雜木林、神社、山地、溪谷

7～30m

野生 人工栽培

相似的樹：糙葉樹（P.57）、朴樹（P.56）、榆樹（左）

花實 ▶ 1 2 3 4 5 6 7 8 9 10 11 12　　出現處 街中 ★★★ 野山 ★★

不分裂葉

邊緣有鋸齒

互生

落葉樹

樹形就像扇子展開的美麗樹木

扇子展開

欅的樹形很漂亮，就像一把展開的扇子，在步道和廣場都很常見。分布在中低海拔闊葉林，以及比較乾燥的山野。在秋、冬落葉前，其葉子會變紅、變黃，點綴在群山中，會讓人有「楓紅」的錯覺，可說是優美的庭園樹和行道樹，是台灣闊葉樹五大木之一。半成年樹的樹皮像電線桿一樣很光滑，但隨著樹齡的增長會開始呈鱗片狀脫落，展現出獨特的斑駁模樣。葉緣是帶有弧度的鋸齒狀，極具辨識性，可惜的是花朵和果實都很不起眼，甚至小到不仔細找就很容易錯過。

變色葉的顏色因個體而異，有紅色、黃色不等，很漂亮

側脈呈平行並排。摸起來有點粗糙。葉長 5 ～ 13cm

（實物尺寸）

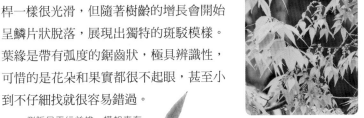

嫩葉，葉片的基本部開著黃綠色的小花

褐色的果實只有 0.3cm，和小小的葉片一起掉落，隨風飄揚

特徵是葉緣的鋸齒帶有弧度

背面（實物尺寸）

半成年的樹幹是灰色平滑

成樹的樹皮呈鱗片狀剝落，形成凹凸不平的斑駁模樣

55

朴樹

大麻科朴屬
英語名：Hackberry

相似的樹：糙葉樹（右）、櫸樹（P.55）、榆樹（P.54）、日本朴樹

花實 ▶ 1 2 3 4 5 6 7 8 **9 10 11** 12　出現處 街中 ★★　野山 ★★★

喬木　路旁、雜木林、神社、公園、川原、標示道路里程的土塚

5～20m

野生　人工栽培

邊緣有鋸齒

互生

落葉樹

容易往橫向發展的樹形。到底是有人種植還是天然野生很難判斷

隨處可見的野生樹木

　　朴樹是台灣常見的樹木，不論是路旁還是草木叢生之處在全島低海拔的地方都可發現其蹤影。野生的朴樹在庭院、公園、校園中庭等處都很常見，但相信一定有人感到好奇「這到底是什麼樹啊？」。朴樹之所以到處落地生根，原因是其紅色的果實常被鳥吃，所以有鳥糞的地方常長出幼小的樹苗。葉片的特徵是只有葉緣的前半部出現鋸齒狀，而且有3條特別突出的葉脈。連從小棵的樹苗也能看到這樣的特徵。經常作為行道樹以及庭園美化之用，由於其枝幹堅韌，也會用來作為防風的樹種。

果實到了秋天會從橘色轉為紅色。成熟後帶有柿乾的味道。花朵的模樣不起眼（P.21）

樹皮不會裂開，但是質地粗糙，大多會有許多橫紋

斑點鶇

鳥兒駐足的電線和圍牆下方，經常有幼齡樹自行生長

幼齡樹的葉
（實物尺寸）

葉子的前半段葉緣呈鋸齒狀

成木的葉
（實物尺寸）

陽葉（在日照充足之處生長的葉子）的光澤感很強

背面

在基部成3條的葉柄很長，特別醒目

糙葉樹

榆科糙葉樹屬
英語名：Muku tree

別名：山朴 相似的樹：朴樹（左）、欅樹（P.55）、鵝耳櫪（P.53）、日本朴樹

花費 ▶ 1 2 3 4 5 6 7 8 9 10 11 12　出現處 街中 ★★　野山 ★★

喬木

路旁、河邊、神社、公園、雜木林

7～20m

野生　人工栽培

不分裂葉

邊緣有鋸齒

互生

落葉樹

質地粗糙的葉片
有如銼刀般尖銳

　　糙葉樹不論葉子還是樹形都很像銼刀，它和欅樹完全相反，大多野生在草木茂盛和廣場角落等處，幾乎沒有人種植。它和朴樹一樣，靠著鳥吃果實來傳播種子，所以幼齡樹也很常見。葉的表面長了有如玻璃堅硬的剛毛，可以當作砂紙使用，而以往的工匠也把葉子當作打磨家具等物品的工具。

生長在河堤旁的糙葉樹，枝葉呈扇形向外擴展

幼齡樹的葉，常與朴樹混生。白色的花朵看起來不顯眼（P.22）

老樹的樹皮會出現縱裂

放大以後，可看到表面長著玻璃狀的硬毛

（300%）

表面的毛

黑紫色的果實長度約 1cm，嚐起來像柿子乾

葉緣的鋸齒比欅樹的方正

質地很粗糙

背面

磨磨磨，用葉子來磨指甲

與欅樹的差異在於葉脈在基部成 3 大條

（實物尺寸）

棣棠花

薔薇科棣唐花屬
英語名：Japanese rose

灌木

庭院、公園、雜木林、山地

1～2m

野生 人工栽培

相似的樹：雞麻、糙葉樹（P.57）、冠蕊木（P.175）、棣棠升麻

花實 ▶ 1 2 3 4 5 6 7 8 9 10 11 12　出現處 街中 ★★　野山 ★★

重瓣花的重瓣棣棠花，從花色和樹形很容易分辨

鮮黃色的花朵與綠色的枝幹

不知各位是否有聽過山吹色這個顏色？所謂的山吹色，指的就是棣棠花的顏色。棣棠花的顏色鮮艷，顯目的程度足以當作顏色的名稱。它的花瓣一般是 5 瓣，但另有一種適合栽培於庭園，名為重瓣棣棠花的品種，則是花瓣較多的重瓣花。提到「山吹」這個名稱的由來，有人認為得自其生長在山裡，而且細長的枝幹容易隨風搖曳之故。它的葉片、枝條、樹幹都是同樣的綠色，而葉片到了秋天會轉為深黃色，也就是和花朵一樣的山吹色。開白花的雞麻，長的是對生葉，是不同屬的植物。

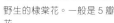

野生的棣棠花。一般是 5 瓣花

果實由好幾顆顆聚集而成，重瓣棣棠花不會結果

枝條是綠色

變色葉（70%）

←↓ 雞麻

薔薇科雞麻屬。在各地被當作庭栽植物種植。開 4 瓣的白花，結黑色的果實。葉長 4～10cm

（實物尺寸）

大小兩層的鋸齒很明顯

（實物尺寸）

棣棠花→
葉長 5～11cm
葉片呈交互排列（互生）

葉片成對（對生）

旌節花

木五倍子　　英語名：Early stachyurus

旌節花科旌節花屬

別名：通條葉　相似的樹：櫻花（P.60）、木天蓼（P.50）

花實 ▶ 1 2 3 4 5 6 7 8 9 10 11 12　　出現處 街中 ★　　野山 ★★★

灌木

雜木林、山地、公園

2～4m

野生　人工栽培

不分裂葉

邊緣有鋸齒

互生

落葉樹

在森林隨處可見的
不起眼樹木

　　旌旗花的特徵是早春會開出一串串垂掛在樹上的淡黃色朵，到了夏天會結出比葡萄小一點的串串果實，垂掛在枝頭。到了秋天，葉子會轉為還算美麗的橘色～紅色。不過，整體給人的印象是平凡無奇，所以很少人特地種植。葉子的形狀和櫻葉一樣很普通。不過，旌節花的分布很廣，從溫暖的海邊到涼爽的深山都有其蹤影，只要走進森林就能輕易發現。旌節花的辨識重點是頻繁長出的茶紅色樹枝和細長的花芽（明年春天開花的芽）。

雌株會結綠色果實，成熟後轉為紅黃相間

花朵是淺黃色，長長的花序下垂如穗

秋天的變色葉。伸展的枝椏顯得有些彎曲

（實物尺寸）

從果實萃取的單寧酸，以往被當作染黑齒（以前的婦女把牙齒染黑的生活習慣）的染料

從葉子長出的芽（葉芽）

冬芽（實物尺寸）

背面

從花長出的芽（花芽）

葉子的葉脈彎曲並延伸得更長一些

基部大多有些鼓脹。不像櫻花一樣有蜜腺

櫻花（園藝種）

薔薇科李屬
英語名：Cherry

喬木～小喬木

行道樹、校園中庭、公園、庭院、神社、園藝種

主要種類：染井吉野櫻、八重櫻、枝垂櫻、河津櫻　別名：里櫻

花實 ▶ 1 2 3 4 5 6 7 8 9 10 11 12　出現處 街中 ★★★ 野山

4 ～ 15m

野生　人工栽培

邊緣有鋸齒

互生

落葉樹

盛開的染井吉野櫻。橫向發展的樹形最適合觀賞之用

染井吉野櫻的花。顏色是接近白色的淺粉紅，花萼和花梗上的毛很多

八重櫻的花是重瓣花。照片中為名為關山的品種

染井吉野櫻的果實。果實成熟時會從紅色轉為黑色，雖然帶有甜味，苦味更濃

染井吉野櫻的樹皮有橫紋，接著會慢慢縱裂，顏色轉為黑色

日本的國花 最普遍的品種是 染井吉野

　　在春季齊放的櫻花是日本的國花；它除了成為百元硬幣的圖案外，在台灣也廣為種植。櫻花的品種極多，包括 10 種的野生種和多數的園藝種，一般最常被當作觀賞對象的是名為染井吉野櫻的園藝種。染井吉野櫻據說是野生的大島櫻和江戶彼岸櫻的雜交種，特徵是長出葉子之前會密集開出粉紅色的花朵。另外，重瓣的八重櫻、枝條低垂的枝垂櫻、最早開花的河津櫻都是頗具代表性的品種。

染井吉野櫻 ↓
葉子長度
8 ～ 14cm

（實物尺寸）

鋸齒

（200%）

八重櫻和大島櫻的葉緣鋸齒呈絲狀向外延伸

（33%）

↑ 枝垂櫻
是江戶彼岸櫻的枝條垂下的品種（P.29）。葉片偏細，樹皮縱裂

葉柄上通常會有 2 個突起（蜜腺）

冬芽

染井吉野櫻的芽和葉柄也長有細毛

（200%）

8

日本山櫻

英語名：Yamazakura

薔薇科李屬

喬木　7～20m

雜木林、山地、公園

不分裂葉

邊緣有鋸齒

互生

落葉樹

主要種類：山櫻、大山櫻（別名蝦夷山櫻）、霞櫻、大島櫻

花實▶ 1 2 3 4 5 6 7 8 9 10 11 12　出現處 街中 ★　野山 ★★★

野生 人工栽培

生長在山裡的野生櫻花

山櫻　大山櫻　霞櫻　大島櫻

如右照所示，山上每到春季，滿山遍野都是盛開的櫻花。如果仔細觀察，除了開花，樹上同時也長出紅色～茶色的嫩葉呢。這點正是山櫻花的特徵。分布在寒冷地區的以花色較深的大山櫻和嫩葉介於茶色～綠色的霞櫻居多；有時會在溫暖地區看到，嫩葉是綠色的大島櫻，也是山櫻花的一種。在沒有染井吉野櫻的江戶時代以前，說到櫻花，指的其實是山櫻花。一般的山櫻花，特徵包括葉柄通常都有一對突起的蜜腺，樹皮會出現橫紋。

正值花期的日本山櫻。每一種嫩葉的顏色和長出的時期都稍有不同

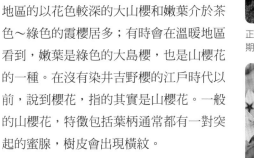

（實物尺寸）

日本山櫻葉緣的鋸齒比染井吉野櫻細小。大山櫻和霞櫻的鋸齒都比較寬

花朵顏色是近乎白色的淺粉紅，葉柄沒有毛

山櫻的果實。果實成熟時會從紅色轉為黑色，滋味甜中帶苦

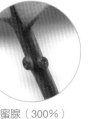

蜜腺（300%）

1mm 左右的疣狀物，嫩葉會分泌蜜汁，吸引螞蟻前來

山櫻的半成年樹的樹幹。具有光澤，上面也會出現橫向的皮孔

←日本山櫻

葉長 7～13cm

葉子通常無毛。霞櫻的葉子表面和葉柄有毛

背面稍微泛白

種植在公園的大山櫻。樹形呈倒三角形

灰葉稠李

薔薇科稠李屬
英語名：Bird cherry

喬木　雜木林、山地

5～15m

野生　人工栽培

相似的樹：布氏稠李、日本稠李、稠李、日本山櫻（P.61）

花實▶ 1 2 3 4 5 6 7 8 9 10 11 12　出現處 街中　野山 ★★

長出嫩葉時會開出刷子狀的花朵，相當惹人注目

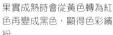
果實成熟時會從黃色轉為紅色再變成黑色，顯得色彩繽紛

樹皮的顏色黯淡。老樹呈龜甲狀裂開

綻放於森林之間的洗杯刷

　　灰葉稠李是櫻花的近緣種，兩者的葉形也相似，差異在於灰葉稠李的花朵是白色，長長的花穗看起來有點像清洗杯子的長刷，和櫻花的氛圍不一樣。大多生長在氣候涼爽之地，生長在海拔約 2,300 公尺的地區，台灣的合歡山及阿里山均有分部。大約在 5~6 月時會開花，而所結的核果是鳥類最喜歡的果實。花苞和幼果經過鹽漬後會產生類似杏仁豆腐的香氣，所以又有「杏仁子」之稱。熊喜歡食用其生鮮果實，會爬樹取果。外型與布氏稠李相似，差異在於後者的葉片較細。

清洗杯子的刷子

（實物尺寸）

背面

葉柄偏短。和櫻花不一樣，通常沒有疣狀的蜜腺

葉脈在表面凹陷，突出於背面

←灰葉稠李
葉長 8～12cm

葉幅愈靠近前端變得愈寬

（80％）

葉幅愈接近基部會變得愈寬

紅色的芽有些顯目

↑ 布氏稠李
半成年樹的樹皮是白色，因此別名白櫻。葉長 5～12cm

梅

薔薇科梅屬

英語名：Japanese apricot

相似的樹：杏、李（P.38）、桃（P.38）、櫻花（P.60）

花曆 ▶ 1 2 3 4 5 6 7 8 9 10 11 12　出現處 街中 ★★　野山

小喬木

3 ～ 7m

庭院、田地、公園（原產於中國）

野生　人工栽培

不分裂葉

邊緣有鋸齒

互生

落葉樹

各位可以分辨梅和櫻花哪裡不一樣嗎？

在春天領先群花綻放的是梅花。它在春寒料峭的 2 月開始開花，而且品種相當多元，包括白色、粉紅色、紅色、重瓣、小果實、大果實等。梅和櫻很容易讓人傻傻分不清，其實，兩者的差異包括：梅的花瓣前端較為渾圓，花朵緊連著樹枝，而且樹形大多是有稜有角（因為樹枝經過修剪，形狀很整齊）。另外，梅花的葉子也比櫻花的小一點，形狀更是渾圓一些，但葉柄的突起並不明顯。與它們相似的杏，葉子更大，形狀圓滾飽滿，果實和樹木也大了一圈。

各種花色的梅樹在 2 月的梅園齊放

標準的梅花。白色的花瓣形狀渾圓，花柄非常短

採下的幼果可醃成梅乾和釀梅酒。果實成熟後會轉為黃色～紅色

哪一個才是梅花的圖案？

梅↓→

葉長 5 ～ 10cm

兩種都是葉尖相當突出

（實物尺寸）

杏↑

原產於中國。有時會被栽種於庭園。花朵是淡粉紅色（P.20）、果實是黃色（P.25）。葉長 6 ～ 11cm

通常有一對小小的蜜線

梅樹的樹皮稍微呈龜甲狀裂開

蜜腺（200%）葉柄的蜜腺不是很小就是沒有

背面

63

寒梅

薔薇科木瓜屬
英語名：Flowering quince

日文別名：唐木瓜　相似的樹：日本木瓜、木瓜（左）

花質 ▶ 1 2 3 4 5 6 7 8 9 10 11 12　出現處 街中 ★★　野山 ★

大多是樹枝被截斷的樹形。果實成熟時會轉為黃綠色～黃色

花色以紅色最具代表性。一齊綻放的模樣相當吸睛

也有開粉紅和白花的品種，以及冬天開花的品種

果實的直徑約 5cm，緊貼著枝條，不能生吃。

日本木瓜的花。

葉長 4～9cm

有前端尖銳、呈圓形或凹陷的葉子

（實物尺寸）

吃了絕對不會變成癡呆

　　寒梅的日文別名是木瓜，發音剛好和日文的糊塗（boke）一樣。說到日文名稱的由來，難道是應該在春天開紅花和白花的寒梅，有時候在秋冬時節也會一時糊塗而開花？還是以醃漬過的寒梅果實釀成的「木瓜酒」被視為消除疲勞的聖品，據說還有預防老糊塗的效果呢？寒梅生性耐寒所以叫做寒梅，而出身於北國的寒梅，在戰後時期曾引進台灣栽種，但可能因天候不適合，所以現在在台灣很難看到。有人認為織田信長的家紋，使用的就是木瓜紋。其特徵是葉子成束，而且基部會長出圓形的托葉。

織田信長也使用的「木瓜紋」。有人認為這個模樣源自寒梅果實的剖面和花朵，但也有不同的看法

（實物尺寸）

寒梅果實的剖面

背面看得到細細的網紋

枝條帶刺

葉的基部大多帶有圓圓的托葉

光皮木瓜

薔薇科木瓜屬
英語名：Chinese quince

小喬木

庭園、公園
（原產於中國）

3～10m

野生 人工栽培

日文別名：唐梨、木木瓜　相似的樹：椿、寒梅（左）、梨

花實 ▶ 1 2 3 4 5 6 7 8 9 10 11 12　出現處 街中 ★★　野山

樹枝上的果實看起來
像刻意插進去的
果實可以用來止咳

　　光皮木瓜的特徵是結果的方式很特別。它的果實和西洋梨差不多大小，看起來就像被串在樹枝上。這是因為果柄很短，顯得果實就頂在樹枝前端。看似美味的果實，生食的味道其實酸澀難以入口，所以大多做成果醬或用來釀酒，或者放在房間增添香氣。另外，它也可以發揮止咳的效果，因此也被當作製造喉糖的材料。葉子的特徵是邊緣的鋸齒狀像針一樣細小，此外，模樣斑駁，和紫薇有些相似的樹皮也頗具特色。

秋天成熟時轉黃的果實，看起來像是被串在枝頭上

和嫩葉同時開花的粉紅色花朵很美麗

樹皮呈鱗片狀剝落，形成綠色與褐色相間的斑駁模樣

看得到細小的網紋　背面

排列著許多針狀的小鋸齒

（實物尺寸）

葉片的質地偏硬，長度 4～8cm，形狀平整

結著幼果的樹

花梨喉糖

花梨酒

花梨在日本被視為具備預防感染和消除疲勞的效果

夏山茶

山茶科旃檀屬
英語名：Stewartia

別名：娑羅木、沙羅雙樹　相似的樹：日本紫莖、英彥山紫莖

花實 ▶ 1 2 3 4 5 6 7 8 9 10 11 12　出現處 街中 ★★　野山 ★

小喬木

5～15m

寺院、庭院、公園、山地

野生　人工栽培

白色的花朵看起來很清新。圓內的直徑單果實約有1.5cm

葉子變色時會轉為橘色～紅色。會發展成縱長的樹形

（實物尺寸）

背面

樹齡愈老的樹愈容易脫皮。樹幹的顏色有橘色、茶色和淺褐色

相傳釋迦摩尼在沙羅雙樹下圓寂

被視為佛教聖樹的替身，樹幹美麗的樹木

　　山茶科的成員之一，名稱的由來源自它在夏季開花。「娑羅木」和「沙羅雙樹」這兩個別名也相當有名，原因是當時釋迦摩尼圓寂時，周圍就生長著娑羅木和沙羅雙樹。但是，真正的沙羅雙樹原產於印度的熱帶地區，很多地方就會種植外觀相似的夏山茶，當作正宗聖樹的替代。參雜了好幾個顏色的樹幹也相當漂亮，在筆者個人的心目中，它是所有樹木中樹幹最美麗的樹種。其他特徵還包括葉脈凹陷，而與其外型很相似的日本紫莖，不論花朵和葉子都更小一點。

夏山茶↓
葉長 5～11cm

邊緣的鋸齒狀呈大波浪狀

葉脈因凹陷而出現明顯皺褶

↑日本紫莖→

又稱為姬娑羅。野生於山地，種植於庭院和寺廟。樹幹的顏色幾乎只有橘色。葉長 4～9cm

背面

（實物尺寸）

青莢葉

青莢葉科青莢葉屬
英語名：Helwingia

灌木

山地、
雜木林、庭園

1～3m

野生 人工栽培

別名：葉上珠　相似的樹：旗旗花（P.59）、山繡球（P.104）、假葉樹
花實 ▶ 1 2 3 4 5 6 7 **8 9 10** 11 12　出現處 街中 ★　野山 ★★

載著花朵的奇特船筏

　　青莢葉的最大特徵是花開在葉子上，相當奇特。看起來就像花朵乘坐在小筏上。有雄株和雌株之分；花朵上有白色花粉的是雄花，黃綠色的是雌花。雌株的葉子上結出的黑色果實，也是非常少見的特徵。或許很多人以為青莢葉是難得一見的稀有樹木，台灣的青莢葉經常出現在步道邊，或是潮濕的森林環境，開花時花會直接長在葉子上，可說非常特別。葉子集中長在樹枝前端，帶有濃密的光澤。說到在葉子看得到花朵和果實的樹木，除了青莢葉，另外還有假葉樹。

盛開的青莢葉。雌花的照片請參照 P.21

結果的雌株。果實帶有淡淡
的甜味，基本上可以食用

嫩葉。可當作野菜食用

青莢葉↓
葉長 5～15cm

雄花開花

葉脈直到花的
位置都很粗

（實物
尺寸）

葉緣呈鋸齒很
鈍的尖刺狀

花朵掉
落後

好像一艘葉子
做的小船！

（70%）

花朵後面。枝
條變化後，看
起來像葉子，
上面會開花和
結果

假葉樹↑→
天門冬科的常綠灌木。原產於地
中海沿岸，有時候會被當作庭木
種植。果實為紅色。葉子的前端
成尖刺狀，長度 1.5～3cm

（實物尺寸）

67

六月莓

薔薇科唐棣屬
英語名：Juneberry

小喬木　　庭園、公園
（原產於北美）

相似的樹：東亞唐棣（四手櫻）

花 實 ▶ 1 2 3 4 5 **6** 7 8 9 10 11 12　出現處 街中 ★★　野山

3～7m

野生　人工栽培

不分裂葉

邊緣有鋸齒

互生

落葉樹

果實成熟時從紅色轉為黑紫色，顯得鮮嫩欲滴。味道甜美，也受鳥類歡迎

名稱中的 June 源自 6 月結果

　　June 是英語的 6 月，所以名稱的由來，正是源自於它在 6 月結果。它的花朵、果實以及變色後的葉子都很漂亮，是近幾年急速受到歡迎的庭園樹木。歐洲流傳著「6 月新娘」的說法，也就是在 6 月結婚就會永遠幸福。所以六月莓這個名字多少也跟著沾點光吧。歐洲的 6 月通常是舒爽宜人的季節，但在台灣卻正值潮濕悶熱的季節。相較於加拿大唐棣的果實在 6 月成熟，外型與其相似的東亞唐棣，果實在 10 月才成熟，應該可以稱為十月莓。

嫩葉長出時，會開出花瓣細長的白花

葉子變色時大多轉為鮮豔的橘色

採配（麾令旗）
↓

「采振木」之名源自花朵的姿態很像「采配」晃動的模樣

皺褶比六月莓明顯，背面的白色也更多一些

↓六月莓
葉子的質地稍硬，大多有點翹起來。葉長 4～9cm

（實物尺寸）

背面

←東北唐棣→
偶爾被當作庭園樹木種植。果實在 9～10 月成熟

兩種的芽都是尖尖的細長形

兩種的葉子都是橢圓形，但大多有基部凹陷呈心形的情形

有些背面有些許白毛，有的沒有

白鵑梅

薔薇科白鵑梅屬
英語名：Pearlbush

灌木

庭院、公園
（原產於中國）

別名：繭子花、九活頭、金瓜果等　相似的樹：齒葉白鵑梅

花暦 ▶ 1 2 3 4 5 6 7 8 9 10 11 12　出現處 街中 ★★　野山

1.5 ～ 4m

野生 人工栽培

不分裂葉

邊緣平滑
邊緣有鋸齒

互生

落葉樹

讓人遙想千利休的茶花

在日本，說到推廣茶文化的偉人，千利休絕對是不二人選。白鵑梅與千利休的淵源是，白鵑梅開花的時候，差不多也到了千利休的忌日（4 月 21 日）。潔白的花朵優雅迷人，在品茶（抹茶）時經常被當作裝飾的「茶花」。印象中，最近出現在庭院的機會也愈來愈多了。據說白鵑梅原產中國、中亞還有韓國，屬於薔薇科白鵑梅屬。他的枝條細弱散開狀。總而言之，當我們看到白鵑梅時，就會想起利休，然後也想喝杯茶吧。它的葉形獨特，像一根長長的湯匙，葉緣有些呈鋸齒狀，有些則無。

橫向發展的樹形。白色的花朵和黃綠色的嫩葉營造出清新的氣息

葉尖的邊緣大多稍微呈鋸齒狀

（實物尺寸）

純白的花朵比梅花大上許多。渾圓的花苞也頗具特色

果實的形狀是獨特的星形，成熟時會轉為茶色，最後裂開。葉片集中在端

沒有鋸齒的葉子也不少，葉尖呈圓弧形

從根部長出的枝條以及幼齡樹，都有不少葉片的邊緣呈鋸齒狀

葉長 4 ～ 9cm。
兩面都沒有絨毛

背面

千利休

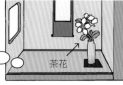

茶花

除了白鵑梅，另外也常使用蠟梅、梅花、繡球花、四照花、木槿花、山茶花等當作茶花

野茉莉

安息香科安息香屬
英語名：Japamese snowbell

小喬木　雜木林、公園、庭院、山地

相似的樹：落霜紅（右）、毛葉石楠（P.72）、大果山胡椒（P.142）

花 ▶ 1 2 3 4 5 6 7 8 9 10 11 12　出現處 街中 ★　野山 ★★

4～12m　野生　人工栽培

邊緣有鋸齒（葉緣平滑）

互生

落葉樹

到了初夏，有許多白花垂掛在枝頭，相當醒目

味道又苦又澀！人吃了舌頭麻痺，魚吃了一命嗚呼

野茉莉尚未成熟的果實，帶有強烈的澀味，為了瞭解澀味有多濃，筆者本人也曾經親身試吃。一入口只覺得口中發麻，而且麻痺的感覺持續了一整天。會有這種結果倒也不奇怪，因為它的果實含有一種名為齊墩果皮皂角苷的有毒成分，據說以前有人為了捕魚，就把果實的汁液倒入河中，最後等到被毒死的魚翻著白肚浮起來，再把魚撈起來（目前法律已禁止這種行為）。在此也呼籲大家，請不要模仿這種不可取的行為喔。雖然果實有毒，但它可以當作肥皂的替代品使用，而且花很漂亮，種植在庭園裡也賞心悅目。葉片是菱形，邊緣沒有明顯的鋸齒。

尚未成熟的果實像櫻桃一樣從枝頭垂下。成熟後會露出茶色的種子

尚未成熟的果實加水後再搗碎會起泡，可以用來洗手

鋸齒狀往往是沉悶和不顯眼的。

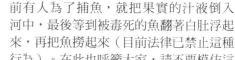

樹皮的顏色偏黑，帶有縱紋。樹齡老的木會稍微裂開

（實物尺寸）

嫩芽被絨毛蓋住，看起來白白的

背面

葉長 4～8cm。各處長有像砂粒般的毛

嫩枝和葉柄（250%）長著像砂粒般的茶色毛

自私自利的行為！

世界各地都有在水裡放毒的「投毒捕魚」的習慣，但此舉也會危害環境，所以大多數的國家已經禁止

落霜紅

冬青科冬青屬

英語名：japanese winterberry

灌木

庭院、公園、濕地、雜木林、山地

2～5m

野生　人工栽培

不分裂葉

邊緣有鋸齒

互生

落葉樹

相似的樹：大柄冬青、野茉莉（左）、毛葉石楠（P.72）、梅樹（P.142）、腺齒越橘（P.73）

花實 ▶ 1 2 3 4 5 6 7 8 9 10 11 12　出現處 街中 ★★　野山 ★

雖然與梅樹相似，其實它的葉子長得非常平凡

落霜紅會結許多紅色的果實，所以被當作庭園樹木栽培，到了秋天，也有花店販售帶有果實的切花。落霜紅在日本稱「梅擬」，意思是很像梅樹，但是它的果實和花朵和梅一點也不像，只有葉子和樹木的姿態有幾分相似。葉子比梅樹的葉子細，看起來很平凡毫無特色。遇到這類葉片較無特色的樹時，可以辨識的重點葉緣的鋸齒形狀、葉脈的走向、葉柄的長度、絨毛和枝條的樣子等。同樣是冬青科的大柄冬青，如果削掉樹皮，就會露出綠色的內層。順帶一提，落霜紅也是綠色。

果實的直徑 4～7mm。秋天會在雌株上結果，即使到了冬天，依然有不少果實留在枝頭

花朵很小，只有直徑約4mm，顏色是帶有幾分粉紅的白色

灰色的樹皮質地平滑。用指甲一刮會露出綠色的內層

葉緣的鋸齒雖小，卻很尖

←落霜紅

葉長 3～8cm

背面

一般表面都有絨毛，一摸就會豎起來

果實

葉柄常帶有紫色

（實物尺寸）

背面

葉片膜質呈現橢圓形，主脈在兩面隆起

（實物尺寸）

大柄冬青→

又稱青膚。有時會被當作庭木栽培。葉片和果實大多成束長在短短的樹枝上。葉長 4～8cm

71

毛葉石楠

冬青科冬青屬

英語名：Oriental photinia

相似的樹：琉璃白檀、紅山楸莓、落霜紅（P.71）

花實▶ 1 2 3 4 5 6 7 8 9 10 11 12　出現處 街中 ★　野山 ★★

灌木

雜木林、山地、公園

2～7m

野生　人工栽培

到了初夏開滿白色花朵，在雜木林中很醒目

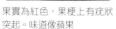

果實為紅色，果梗上有疣狀突起。味道像蘋果

照片中即是堅硬的樹幹。灰色的樹皮質地平滑，有縱紋

「牛殺」的意思 到底是什麼呢……

← 鼻輪

　　毛葉石楠的樹幹堅固耐用，常被用來製成鐮刀的刀柄，所以又稱為「鐮柄」。不過牛殺這個本名聽起來確實很嚇人。另有一說是這個名稱源自於它的木頭曾用來製作牛的鼻環，不過聽起來總覺得有點牽強。筆者個人的看法是，可能一般在宰牛時，必須拿著質地堅硬的棍子趕牛，或者用棍子命中其要害，所以才會有此稱呼。這個名稱，值得吃牛肉的我們深思一番。葉子是朝葉尖愈變愈寬的形狀，外型和結出青色果實的琉璃白檀和當作庭園樹木栽培的野櫻莓相似。

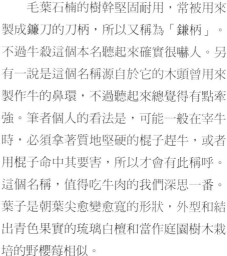

紅山楸莓→

原產於北美。薔薇科野櫻莓屬的灌木，有時會被當作庭園樹木栽培。葉子的質地比毛葉石楠硬，更具有光澤，每串的果實也比較大。

外型與毛葉石楠相似，但表面有毛，摸起來質地粗糙，而且葉脈凹陷，看起來很突出

愈靠近葉尖就變得愈寬

（實物尺寸）

葉緣的鋸齒很細小

背面

←毛葉石楠

葉片大多成束。葉長 4～9cm

葉緣的鋸齒不是很整齊

（實物尺寸）

←琉璃白檀 ↑

山礬科的灌木，野生於雜木林和濕地。青色的果實很美麗。

藍莓

灌木

庭院、田地、公園（原產於北美）

相似的樹：司摩氏越橘、腺齒越橘、南燭

花 實 ▶ 1 2 3 4 5 6 7 8 9 10 11 12　出現處 街中 ★★　野山

1～2.5m

野生 人工栽培

不分裂葉

邊緣有鋸齒

互生

落葉樹

其實台灣也有藍莓樹喔

　　藍莓是製作糕點和果實時經常使用的食材。原本原產於加拿大和美國的藍莓，在台灣近幾年開始少量栽培。藍莓在春天會開非常可愛的花，到了夏天會結出酸甜的果實，葉子到了秋天會轉成鮮紅，相當醒目。不過，其實也有一群藍莓的樹生長在山野之間。包括同屬杜鵑科越橘屬的司摩氏越橘、腺齒越橘、南燭、篤斯越橘等，都會結出可以食用的黑紫色果實。越橘屬的共通特徵是幾乎都沒有葉柄。

果實成熟時從粉紅色和紅色轉為黑紫色，品種繁多

花朵是白色～淡粉紅色，像小鈴鐺一樣垂掛在枝頭

變色葉是深紅色，葉子大多能夠安全越冬

（實物尺寸）

←↑ 司摩氏越橘
野生於北海道、本州、四國的森林。果實很甜。葉長1～7cm

葉子咬起來很酸

毛沿著葉緣生長

（實物尺寸）

長有硬毛，摸起來粗粗的

←↑ 腺齒越橘
生長在較為乾燥林間。果實的味道偏酸。葉長3～8cm

藍莓 ↑→
葉長 3～8cm

（實物尺寸）

葉緣的鋸齒狀不是非常細小就是完全沒有

背面

3種的葉柄都非常短

整體泛白

枇杷

薔薇科枇杷屬
英語名：Loquat

小喬木　庭院、田地、公園、多岩石的山（可能原產於中國？）

3～7m

野生　人工栽培

相似的樹：洋玉蘭（P.169）、筆羅子、慶壽木

花實 ▶ 1 2 3 4 5 6 7 8 9 10 11 12　出現處 街中 ★★　野山 ★

樂器的琵琶

葉脈的紋路很深，相當明顯

（70%）

不論是花朵、果實還是葉子都披著一身絨毛

　　枇杷帶有清爽的甜味，是很受歡迎的水果，其命名的由來源自果實的形狀與樂器的「琵琶」相似。枇杷的特徵是果實表面披有一層絨毛，不但如此，嫩葉、葉片背面、花萼都密生著絨毛。暗綠色的葉子很大一片，皺褶明顯，可以用來製成茶飲和貼布。是嚴冬中罕見的開花植物，會引起鳥類和蜜蜂前來吸取花蜜。據說原產於中國，目前臺灣栽培種是由日本引進的。枇杷的果實在春季成熟後果肉多汁，風味及口感都很不錯，是深受國人的喜愛的水果之一。

種在田地裡的枇杷樹。葉子都集中在枝頭

背面
（40%）

背面的絨毛
（150%）

背面密生著米色的絨毛

葉長大約
15～35 cm

深黃色的果實長度約4cm左右。美味可口

花朵為白色，花萼也密生著絨毛

大葉冬青

冬青科冬青屬

英語名：Tarojo holly

相似的樹：黃土樹、桂櫻

花實 ▶ 1 2 3 4 5 6 7 8 9 10 11 12　出現處 街中 ★　野山 ★

小喬木

3～12m

郵局、寺廟、庭園、公園、山地

野生　人工栽培

不分裂葉

邊緣有鋸齒

互生

常綠樹

拿支棒子就可以在上面寫字！所以名為葉書之木

只要貼上郵票，就可以郵寄了喲

葉緣有堅硬的鋸齒

　　只要找支細棒之類的道具在葉子的背面寫字，幾分鐘後就會浮現出茶色的字跡。而且字跡即使經過好幾年也不會消褪，所以葉子可以當作信紙使用。以前有些寺廟會種植，因為它的葉子可用來抄寫佛經；到了現在，它被定為郵局之樹，所以很多郵局都會種植。特徵是一片葉子和明信片差不多大小，質地厚實堅硬，背面幾乎看不到葉脈。最近卻因「葉書之木」這個名字而知名度大開。

（60％）

用棒子寫上字的葉子。葉長12～20cm

背面

把葉子翻過來一看，有些已寫下留言

種植在郵局裡的樹

雌株會結很多紅色果實

青剛櫟

山毛櫸科櫟屬
英語名：Ring-cup oak

喬木
4～15m

雜木林、神社
的樹林、山地、
圍籬、庭院、
公園

野生　人工栽培

總稱：櫟樹　相似的樹：林櫟（日文別名是大樫）、黑櫟（右）、冬青（右）

花實 ▶ 1 2 3 4 5 6 7 8 9 10 11 12　出現處 街中 ★★　野山 ★★★

↓青剛櫟
葉片寬大，葉長7～
15cm，前半段的邊
緣呈鋸齒狀

背面

背面稍微泛
白和帶有金
色，也長著
薄薄的絨毛

（實物尺寸）

←林櫟
擁有葉緣平整的
大型葉，長度
10～20cm。背
面是綠色。果實
請參照 P.27

果實
（實物尺寸）

背面
（40%）

粗大的鋸齒葉緣
辨識度極高

　　青剛櫟和黑櫟是 9 種的櫟樹中最具代
表性的兩種。櫟樹的木材質地堅硬耐用，
會用來製成鏟子的木柄和木刀等工具。青
剛櫟是臺灣常見的常綠喬木。葉片為互
生，葉背呈現泛白，而葉脈呈現金色。青
剛櫟開黃綠色的花，由於他能適應各種環
境，所以分佈上從平地至海拔 2000 公尺
之山區都可以看到他的蹤跡。其特徵包
括葉子的前半段呈粗大的鋸齒狀，樹形大
多凌亂。相較於葉形細長、樹形整齊的黑
櫟，青剛櫟更為不拘小節的作風。

枝葉上長著尚未成熟的橡實。鋸齒狀的粗細會出現突變

種植在庭院裡的青剛櫟

青剛櫟的花。櫟樹的花沒
有花瓣，顏色介於黃綠色
和奶油色

黑櫟

山毛櫸科櫟屬
英語名：Bamboo-leaf oak

喬木

行道樹、公園、圍籬、雜木林、神社的樹林、山地

5～20m

野生　人工栽培

總稱：櫟樹　相似的樹：白背櫟、青剛櫟（左）、毽子櫟、冬青

花實 ▶ 1 2 3 4 5 6 7 8 9 10 11 12　出現處 街中 ★★★ 野山 ★★

不分裂葉

邊緣有鋸齒

互生

常綠樹

細長的葉片
搭配小粒的橡實

　會長出橡實的代表性樹種，包括落葉樹的橡樹類（P.32 ～ 33）和麻櫟類（P.37），以及常綠樹的櫟樹和石櫟（P.167）。其中，橡實最小的是黑櫟。它的樹形整齊，常出現在公園，也被當作行道樹廣為種植。是產於北美西部的落葉樹。葉片細長，葉緣的鋸齒狀並不明顯。他的木材顏色偏白。葉片的背面也稍微泛白，但與其相似的白背櫟的葉片背面會變得更白。

果實
（實物尺寸）

←黑櫟
葉長 7 ～ 13cm

鋸齒狀細小，不太尖銳

背面

背面稍微泛白

（實物尺寸）

生長在公園的黑櫟。會逐漸長成圓形～縱長型的樹形

據說如果放任其自行生長，東京會長成一片黑櫟林

葉緣的鋸齒較鈍

枝頭上長著尚未成熟的橡實。到了秋天成熟時轉為茶色

樹皮的顏色黯淡，質地粗糙，有些帶有縱紋。青剛櫟也一樣

←白背櫟。
大多生長在山地。葉長 8 ～ 15cm。葉片背面像塗了一層蠟般泛白。果實請參照 P.27

背面
（40%）

（40%）

冬青→
冬青科的喬木。分布在東海地方～九州。會結紅色的果實。葉長 7 ～ 13cm

烏岡櫟

山毛櫸科櫟屬
英語名：Ubame oak

總稱：櫟樹　日文別名：馬目樫　相似的樹：厚葉石斑木（右）、厚皮香（P.162）

花寶 ▶ 1 2 3 4 5 6 7 8 9 10 11 12　出現處 街中 ★★　野山 ★

小喬木

庭園、公園、圍籬、行道路、海邊的樹林、多岩石的山

2～10m

野生　人工栽培

被修剪成各種造型的烏岡櫟。若任其自然生長，樹形會變得很凌亂

葉子和樹木都很嬌小，算是櫟樹家族的老么

　　烏岡櫟雖然也是櫟樹（P.76～77）家族的一員，不過和其他成員不同的是，渾圓偏小的葉片大多集中長在枝端，而且樹高大多只有2～3m，所以看起來不像櫟樹。不過，它可是會長出貨真價實的橡實，所以算是櫟樹家族的小老弟吧。野生的烏岡櫟也會生長在氣候較為乾燥的岩地。木材的質地堅硬耐用，所以都會區也有人種植，而且修剪得很整齊。遺憾的是，修剪的頻率愈高，結出橡實的機率也會跟著下降。它的木材可以用來製作最高等級的木炭，也就是備長炭，硬度可與金屬媲美。

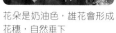

花朵是奶油色，雄花會形成花穗，自然垂下

橡實在開花的隔年秋天成熟

櫟樹家族兄弟（筆者創作）

我雖然長得慢，但木材是最堅硬也最重的！

青剛櫟　葉長櫟　林櫟　赤皮櫟　槌子櫟　白背櫟　黑櫟　烏岡櫟

縱裂的樹皮

背面（實物尺寸）

殼斗呈網狀紋路，是櫟樹中的例外

果實（實物大小）

葉柄和枝條長著茶色的絨毛

葉緣大多稍微往裡面翹。葉長3～6cm

邊緣的鋸齒狀並不明顯

（實物尺寸）

厚葉石斑木

薔薇科石斑木屬
英語名：Yeddo hawthorn

灌木

圍籬、行道樹、庭院、公園、海邊的樹林

0.5～3m

野生　人工栽培

相似的樹：草莓樹、烏岡櫟（左）、海桐（P.163）、厚皮香（P.162）

花寶▶ 1 2 3 4 5 6 7 8 9 10 11 12　出現處 街中 ★★　野山 ★★

不分裂葉

邊緣有鋸齒（平緩）

互生

常綠樹

葉片聚生，看起來像車輪

厚葉石斑木的葉子像車輪一樣圍成一圈長在枝頭前端，而且花像梅花，所以又稱為「車輪梅」。樣子就和馬車、腳踏車、蒸汽火車的車輪有點相似。除了它，另外也有幾種灌木同樣是葉片呈輪狀排列。不過厚葉石斑木的另一特徵是葉背佈滿網紋，看起來非常顯眼。同樣是常被當作庭木或盆栽種植的草莓樹，雖然常被誤認是厚葉石斑木，不過草莓樹的葉片稍微再長一點，背面的網紋也較不明顯。

大多被修剪成圓圓的，高度大約是 1m

花朵是白色。也有會開粉紅花的紅葉石斑木

果實類似藍莓，但籽很大顆，味道也差強人意

細緻的網紋很顯目

圓片渾圓，葉緣幾乎沒有缺刻。也稱為圓葉車輪梅

葉緣的鋸齒不是很工整

背面（70%）

背面（實物尺寸）

不是很明顯的鋸齒狀

像這種車輪

←厚葉石斑木
葉長 4～8cm

（70%）

←草莓樹
原產於歐洲的杜鵑花科灌木。在 11～12 月結出可食用的紅色果實。葉長 6～10cm

馬醉木

杜鵑花科馬醉木屬
英語名：Pieris

灌木

庭院、公園、
圍籬、山地

1～5m

野生　人工栽培

別名：桫木　相似的樹：厚葉石斑木（P.79）、海桐（P.163）、山月桂、木藜蘆

花　▶1 2 3 4 5 6 7 8 9 10 11 12　出現處 街中 ★★　野山 ★★

花朵是白色，偶爾有粉紅色（P.20）。紅色的嫩葉看起來很醒目

馬吃了會醉，連鹿都不吃的樹

馬醉木在春天會開出形狀有如鈴鐺的可愛花朵。又稱為「馬醉木」，別名「足麻」，據說此別名的由來是枝葉和花朵含有毒素，馬要是吃了就會腳麻，像喝醉酒似的東倒西歪。葉片集中生長在枝頭前端，也有人當作殺蟲劑使用。野生的馬醉木生長在山地，有趣的是，在有大量鹿群出沒的山，唯一剩下的植物就是馬醉木。可見連鹿也知道它有毒不能吃。當然囉，為了不要被馬和鹿笑我們笨，人也不要亂吃喔。

公園裡的馬醉木正開花。樹皮縱裂

樹皮的裂開處有點像被扭轉的樣子，和小果珍珠花也有些相似

果實成熟時會變成茶色，裂開後會露出小顆的種子

背面
（實物尺寸）

稍微看得到
葉脈的網紋

（實物尺寸）

馬如果吃了，好像會變成這樣抖個不停

抖不停　抖不停

鋸齒狀小到很容易忽略

葉長 4～9cm。有些葉柄會帶有紅色

石楠

薔薇科石楠屬

英語名：Photinia

小喬木

圍籬、庭園、公園、雜木林、山地

2～7m

野生 人工栽培

不分裂葉

邊緣有鋸齒

互生

常綠樹

主要種類：光葉石楠、紅葉石楠、石楠　別名：紅芽石楠

花曆▶ 1 2 3 4 5 6 7 8 9 10 11 12　出現處 街中 ★★★　野山 ★

隔壁鄰居家的
圍籬永遠鮮紅亮麗

　　不知道大家走在路上的時候，有沒有看過由一整片鮮紅嫩葉組成的圍籬呢？如果有，那你看到的可能是石楠家族的成員。石楠多在春天長出嫩葉，之後每次修剪，還會再長出新葉 2～3 次，所以在夏秋兩季都還能看到新葉。台灣全島低海拔處均可看見，嫩葉是淺淺的紅色，但是在美國經過品種改良的紅葉石楠，嫩葉的顏色有如上了油漆般鮮紅。而且它的葉子前端比較寬，生長處也稍微集中在樹枝的最前端。

←石楠↓

生長在本島低海拔的山，也被種植在公園和庭院。葉長 6～12cm

鋸齒雖小，卻很尖銳

稍微看得到葉脈

背面

（90%）

葉柄比紅葉石楠短一點，鋸齒更深一點

嫩葉（90%）

紅葉石楠→

由石楠和光葉石楠雜交後產生的品種。照片為最具代表性的品種──紅羅賓。葉長 7～15cm

葉柄比光葉石楠長，邊緣的鋸齒狀通常不明顯

紅葉石楠是常見的圍籬植物（4月）

紅葉石楠的花（5月）。葉子也開始轉為綠色

即使到了秋天也會長出新葉的紅葉石楠（10月）

結果（P.24）的石楠

硃砂根

報春花科紫金牛屬
英語名：Coral bush

灌木

庭院、神社的樹林、雜木林、山地

相似的樹：百兩金、紫金牛、伏牛花、紅果金粟蘭（P.94）

花 實 ▶ 1 2 3 4 5 6 7 8 9 10 11 12　出現處 街中 ★★　野山 ★★

0.3～1.5m

野生　人工栽培

←硃砂根
葉長 7～15cm

葉緣呈波浪狀

（80％）

葉緣幾乎完全平滑，排列著極小的顆粒

百兩金→
庭園樹木。樹高 10～70cm。葉長 10～20cm

背面
（60％）

紅色的果實有 2 億台幣的價值

　　會結出紅色果實的常綠灌木，外型鮮豔華麗，被視為吉利的象徵，所以從江戶時期開始就常被當作庭院樹木栽培。其中又以萬兩結的果實特別多，價格昂貴，在當時號稱要價「一萬兩」。1 兩的價格大約是台幣 2 萬，所以換算成今天的貨幣大約是 2 億台幣。這個價格真是高到讓人難以置信吧。順帶一提，除了萬兩，另外還有千兩（P.94）、百兩、十兩、一兩的樹，差異在於數字愈小的，結果的數量也會愈少。

硃砂根的花

果實不可食用。另外還有會結出白色果實的白實萬兩（P.26）

一兩（伏牛花）。茜草科。分布於溫暖地區。樹高 50cm 左右，有刺。葉長 1～4cm

十兩（紫金牛）。多做為庭園樹木。樹高 20cm 左右。葉長 3～12cm

百兩（百兩金）。葉子比萬兩長，樹高較低

萬兩（硃砂根）。果實結在聚生的渾圓葉片之下

南五味子

五味子科南五味子屬
英語名：Kadsura

藤本植物
1～10m

雜木林、神社的樹林、草叢、圍籬、庭院

野生　人工栽培

別名：紅骨蛇　相似的樹：波葉五味子

花　實 ▶ 1 2 3 4 5 6 7 8 9 10 11 12　　出現處 街中 ★　　野山 ★★

不分裂葉

邊緣有鋸齒
（葉緣平滑）

互生

常綠樹

富含黏質，可做為髮油

　　如果有機會切開南五味子的樹枝或葉柄就會知道，切開以後會流出會牽絲的樹液，只要沾水，就可以抹在頭髮上。沒錯，這就是古代日本男性梳髮髻時用的髮膠。就像現代的男性為了固定髮型，也會在頭髮上噴上黏答答的定型液吧。特徵是果實又大又紅是可以吃的。葉子的形狀很普通，但是就藤本植物來說，幾乎找不到其他葉形相似的植物。

背面

葉長 5～13cm。有些葉片的背面泛紅

鋸齒不明顯，有些甚至完全沒有

今天的我也很帥…

江戶時代的美男子

（實物尺寸）

芽很尖銳

切開樹枝和葉柄會流出牽絲的黏液

纏繞著竹籬，結出紅色果實的雌株。花朵是奶油色（P.21）

小粒的果實聚生，形成直徑約 3～4cm 的球狀

把藤蔓搗碎再加水，流出黏液的樣子

山茶

山茶科山茶屬
英語名：Camellia

小喬木

庭院、公園、圍籬、行道樹、神社樹林、山地

1～10m

野生　人工栽培

主要種類：日本山茶、雪茶、侘住山茶、冬茶梅（右※ 有時候被當成茶梅）

花 ▶ 1 2 3 4 5 6 7 8 9 10 11 12
實 ▶ 1 2 3 4 5 6 7 8 9 10 11 12

出現處　街中 ★★★　野山 ★★★

日本山茶的花。從秋天一直開到春天，但 3 月左右開得最盛

在台灣的山茶很普遍花色更繽紛

山茶的特徵是鮮紅的花朵搭配後厚實的葉片，從種子裡萃取出來的油脂可以當作護髮油。山茶的種類很多，除了在溫暖地區生長的山茶，還有樹高較低、生長在多雪地區的雪茶，還有以這兩者雜交而成的粉紅、白色和重瓣花的品種，在各地被廣泛種植。不過，據說在日本以前的武士很討厭山茶。理由是山茶凋零時會整朵落下，讓人聯想到武士被砍頭的模樣。到了今天，山茶被討厭的原因則是因為容易孳生一種名為茶毒蛾的害蟲，實在很可惜。

山茶的果實直徑約 4～5cm。成熟時會裂開，從紅色轉為茶色

茶毒蛾的幼蟲。它們會成群聚集在山茶和茶梅，小朋友若不小心碰到毒毛，可能會引起搔癢

掉落的山茶花。特徵是整朵花完整掉落

乙女椿是雪茶的品種之一，開的是粉紅色的重瓣花

（實物尺寸）

葉尖很尖

枝條和葉柄無毛

日本山茶
葉長 6～11cm

背面

茶梅

山茶科山茶屬
英語名：Sasanqua

小喬木～灌木
圍籬、行道樹、庭院、公園、山地
0.5～7m
野生　人工栽培

主要種類：茶梅、冬茶梅　相似的樹：山茶（左）、枒木（P.87）

花 ▶ 1 2 3 4 5 6 7 8 9 10 11 12　出現處　街中 ★★★　野山 ★
實 ▶ 1 2 3 4 5 6 7 8 9 10 11 12

不分裂葉

邊緣有鋸齒

互生

常綠樹

開滿茶梅的路
那種花是什麼顏色呢？

　　為山茶屬的常綠灌木或喬木，他的枝幹非常的堅韌，葉片是互生呈現橢圓形。葉長大約 3～6cm，花瓣有單瓣跟重瓣，比較常見的花色是桃紅色跟白色居多，冬季是開花期。野生的茶梅開的是白色的花。其實，種植在市區的茶梅，大多是茶梅與山茶的雜種交種。這種品種稱為冬茶梅，開的是紅色的花。茶梅的特徵是凋謝時花瓣分散掉落，而且葉片較小。冬茶梅也有這些特徵，應該比較接近茶梅。另外還有開粉紅色花、春天開花的品種。

開花的冬茶梅花圍。凋零的花瓣散落一地

冬茶梅的花朵是重瓣花，顏色是紅色～深粉紅。12月到3月開花

野生茶梅的花是純白色，在10～12月開花。果實請參照 P.26

葉尖有些許凹陷

枝條的毛（350%）
枝條和葉柄的毛很多

←茶梅
在台灣各地都有人栽培。葉長 3～6cm

（實物尺寸）　背面

山茶和茶梅的樹皮都是灰白色，質地平滑

（實物尺寸）

葉尖有些許凹陷

冬茶梅→
被視為是茶梅和日本山茶雜交後產生的園藝品種。葉子比茶梅稍微大一點

枝條和葉柄的毛比茶梅少

茶樹

山茶科山茶屬
英語名：Tea plant

灌木

庭院、公園、圍籬、田地、住家周圍的樹林（原產於中國）

0.5～2m

野生 人工栽培

別名：茗　相似的樹：凹葉枬木（右）、茶梅（P.85）、山茶（P.84）

花 ▶ 1 2 3 4 5 6 7 8 9 **10 11 12**　出現處 街中 ★★　郊山 ★
實 ▶ 1 2 3 4 5 6 7 8 9 **10 11 12**

和山茶類似的白花朝下開花

修剪成圓弧形的茶田看起來很吸睛

嫩葉是明亮的黃綠色

最常被吃的樹葉

　　在各種樹葉當中，我想國人最常吃的就是茶葉了。正確來說不是食用，而是飲用以茶葉泡成的茶。包括綠茶、紅茶、烏龍茶等，都是以從茶樹摘取下來的嫩葉製作而成。在台灣很多地方都是茶的產地，到處都看得到修剪成圓弧形的一片片茶田。茶樹在秋天會開出美麗的白花，除了被種植在庭院和公園，住家附近的樹林裡，也不時可見野生的茶樹。茶葉的特徵是葉尖渾圓，而且葉脈有些凹陷。

採茶

只有葉尖稍微凹陷

幼果

葉脈在表面呈凹陷狀，背面突起。葉長 5～9cm

果實成熟時會變成茶色，裂開

背面

（實物尺寸）

柃木

別名：細葉菜、海岸柃、日本柃　相似的樹：凹葉柃木

花實▶ 1 2 3 4 5 6 7 8 9 **10 11 12** 出現處 街中 ★★ 野山 ★★★

小喬木　神社、庭院、
公園、雜木林、
山地、田地
1.5～7m　野生　人工栽培

不分裂葉

邊緣有鋸齒

互生

常綠樹

會讓人誤以為瓦斯外洩的花

曾經有人曾發生過這樣的糗事。在一個晴朗的春日午後，當他愜意的在家裡附近散步時，突然聞到一股瓦斯的味道。如果是你，你會怎麼做呢？結果在他報警之後，經過一番調查，才發現味道的來源居然是柃木的花。柃木的花小歸小，看起來並不起眼，卻會釋放出強烈的味道，聞起來很像瓦斯。值得一提的是，柃木和紅淡比，在日本當地常被當作供奉在神社和神龕的祭祀用品。柃木的葉子比紅淡比小，所以又有「姬榊」之稱。

花朵是白色，也有些參雜著幾分紫色（P.22）。在杉菜長出來的時候開花

種植在公園的柃木

黑色果實的直徑 0.5～0.8cm。
雌株才會結果

葉尖（200%）
葉尖突出，
有些凹陷

有些是
尖芽

花苞

（實物尺寸）

←柃木→

葉長 4～7cm

背面

凹葉柃木的花（P.21）
和果實（P.25）都在
秋天開花與結果
（實物尺寸）

葉尖渾圓，
有些凹陷

背面的網紋
很明顯

凹葉柃木→

生長在關東～沖繩的海岸，被當作圍籬植物和庭院樹木栽培。葉子形狀比柃木渾圓，也比較小，葉長 2～5cm

背面

87

火刺木

薔薇科火刺木屬

學名：Pyracantha　英語名：Firethorn

主要種類：細齒火刺木、窄葉火刺木、洋火刺木　相似的樹：枸子

花實 ▶ 1 2 3 4 5 6 7 8 9 10 11 12　出現處 街中 ★★　野山 ★

灌木　庭院、圍籬、公園、路旁（原產於中國與歐洲）

1.5～4m

野生　人工栽培

應該是長出紅色果實的洋火刺木。也有野化的品種

被冠上火刺之名稱的紅色果實與刺

　　火刺木（又稱火棘），其學名 Pyracantha 是希臘文的「火之刺」。換句話說，學名的由來源自它會結出大量的紅色和橘色果實，而且樹枝上有尖刺。英語名稱是「Firethorn」，中國大陸的稱法是「火棘」，意思都是「火之刺」。Pyracantha 是包含整個火刺木屬的樹木總稱，在日本種植的有細齒火刺木、窄葉火刺木、洋火刺木 3 種，它們的葉片都屬於細長的小型葉，樹形歪斜。

細齒火刺木的花。花朵聚生成圓球狀，像顆手鞠

窄葉火刺木的果實是橘色。火刺木的果實味道像蘋果，但據說尚未成熟的果實和種子含有微弱的毒素

果實
（實物尺寸）

葉子在短樹枝上排成束狀，樹枝前端大多會長成刺

葉緣沒有鋸齒

背面大多長有白毛

葉緣呈鋸齒狀

（實物尺寸）

背面

細齒火刺木→

別名喜馬拉雅火刺木。果實為紅色。也有和洋火刺木雜交的品種。葉長 2～7cm

幾乎沒有毛

←窄葉火刺木

果實為橘色。葉長 2～6cm

（實物尺寸）

洋火刺木→

果實為紅色。葉片稍寬，葉長 2～6cm

（實物尺寸）

嫩枝長的是小型葉

背面

假黃楊

英語名：Box-leaved holly

冬青科冬青屬

相似的樹：日本黃楊（P.110）、六月雪（P.110）、忍冬

花 實 ▶ 1 2 3 4 5 6 7 8 9 10 11 12　出現處 街中 ★★★ 野山 ★★

灌木

庭院、公園、圍籬、行道樹、雜木林、山地、神社

0.3～5m

野生 人工栽培

不分裂葉

邊緣有鋸齒

互生

常綠樹

可以隨心所欲
改變樣貌的樹

　　大家都曾經在公園和遊樂園看過修剪成動物形狀的造型樹吧？我想各位看到的一定是假黃楊。它的葉子很小，枝葉密生，即使經過修剪還是會長出許多葉子，但樹高很低，永遠長不大，所以很適合用來修剪成各種造型。在市區除了可看到有如盆栽的精美造型，也有四角形、圓形、未經修整的天然形狀，可說是變化多端。葉片互生，邊緣呈鋸齒狀。假黃楊還可分為葉片往外翹的豆黃楊和嫩葉會變成黃色的金芽假黃楊。

修剪成熊造型的假黃楊造景

被修剪成盆栽造型的庭院樹木

被修剪成箱型的綠籬

小型葉片
（實物尺寸）

←假黃楊↑
葉長 1～4cm

（實物尺寸）

任其自然生長，保持原貌的樹木

奶油色的花朵個頭不大

←豆黃楊
假黃楊的園藝用品種，葉片會翹起來

（實物尺寸）

呈細小的鋸齒狀

果實是黑色

果實常常被小朋友丟著玩

冬青屬植物

冬青科冬青屬
英語名：Holly

主要種類：枸骨、歐洲冬青、美國冬青　　相似的樹：柊樹（右）

花　實 ▶ 1 2 3 4 5 6 7 8 9 10 11 12　　出現處 街中 ★★　野山

灌木

庭院、公園、圍籬（原產於中國和歐洲）

1〜4m

野生　人工栽培

結果的枸骨。又稱為聖誕冬青。

枸骨的盆栽

枸骨的花，顏色是黃綠色

作為聖誕佳節裝飾的帶刺植物

　　不論是聖誕蛋糕還是聖誕裝飾，最常出現的圖案就是有刺的綠葉搭配鮮紅的漿果，那就是冬青。它和柊樹（右）很容易讓人混淆不清，但兩者的差異其實很明顯；冬青結的果實是紅色，葉片互生，而柊樹結的是黑色的果實，葉片對生。用於聖誕裝飾的冬青有好幾種，而聖誕節的發源地──歐洲用的則是歐洲冬青。廣泛分佈在熱帶地區，台灣中低海拔山區普遍生長。另外，冬青和柊樹有一項共通的特徵是，葉片的刺都會隨著樹木體型的增加逐漸減少。

有刺的葉子形狀有稜有角，相當獨特

也有形狀渾圓，只有葉尖有刺的葉子

冬青
（歐洲柊）

枸骨→
原產於中國。別名是支那柊。被當作庭院樹木和盆栽種植。葉長 5〜9cm

（實物尺寸）

←歐洲冬青
別名為西洋枸骨。橢圓形的葉片長度 3〜9cm

（實物尺寸）

背面

葉片交互排列（互生）

柊樹

冬青科冬青屬
英語名：False holly

小喬木

庭院、圍籬、
公園、雜木林、
山地

1.5～5m

不分裂葉

邊緣有鋸齒
（平緩）

對生

常綠樹

主要種類：柊、齒葉木樨　相似的樹：冬青（左）、十大功勞（P.220）
花　▶ 1 2 3 4 5 6 7 8 9 10 11 12　出現處 街中 ★★　野山 ★★

充滿日式風情，
點綴節分日的帶刺植物

　　葉片對生，長著尖刺的柊樹，被視為可以防止惡鬼和小偷入侵的樹，所以古時候會被當作庭木和圍籬種植。有些地方在節分（2月3日）這天，會把柊樹和沙丁魚裝飾在玄關，用以驅鬼。柊樹的刺會隨著體型的成長而逐漸消失。如此一來，被鹿等草食動物吃掉的風險也會增加，所以據說在鹿群多的森林裡，帶刺的葉子反而比較多。想必在柊樹的眼中，不論是鹿還是人都像惡鬼一樣可怕吧。

種在庭院的柊樹。因為經常修剪，刺還很多

柊樹開的是白花，散發著清香

柊樹的果實是黑紫色

有 6～10 對小型刺

憑藉尖刺和沙丁魚的氣味將惡鬼趕跑

有 3～5 對大型刺

←齒葉木樨
是柊樹和丹桂（P.92）的雜交種。葉子比柊樹的大，長4～9cm。長為成齡樹後尖刺會減少

（實物尺寸）

柊樹↓→
葉長 4～8cm

（實物尺寸）

成齡樹有更多要不是無刺，就是只有葉尖有刺的葉子

背面

葉子成對排列（對生）

91

桂花

木樨科木樨屬

英語名：Sweet Osmanthus

主要種類：丹桂、銀桂、金桂、齒葉木樨（P.91）

花實▶ 1 2 3 4 5 6 7 8 9 10 11 12　　出現處 街中 ★★★ 野山 ★

小喬木

庭院、公園、圍籬、行道樹（原產於中國、九州）

2～7m

野生 人工栽培

開花的丹桂。樹形大多被修剪得圓圓的

果實是黑紫色。照片中應該是金桂的果實

桂花的樹皮顏色偏白，有菱形紋路

香味迷人的金色、銀色、淡黃色小花

　　我很想說桂花的顏色有金銀銅三色，但實際上的顏色是橘色、白色、淡黃色，各自被稱為丹桂、銀桂、金桂。每一種都具備迷人的花香，其中以丹桂的香味最濃郁，在初秋時節會散發優雅的香氣，所以受歡迎的程度和知名度都是金牌等級。在台灣可說隨處可見。木樨類的葉子，有些葉緣呈鋸齒狀，有些則沒有。

葉脈凹陷，看起來很明顯

嫩枝的葉緣大多呈鋸齒狀，老枝的葉子大多沒有

背面

葉緣大多呈鋸齒狀的葉子比較多

銀桂的花

（實物尺寸）

銀桂→
原產於中國。開白色花，葉幅較寬。葉長 7～12cm

↑金桂
原產於中國和九州南部。屬於開淡黃色花朵的丹桂品種。葉子長得和丹桂一樣

（實物尺寸）

↑丹桂
待補待補待補待補待補

日本衛茅

衛茅科衛茅屬

英語名：Japanese spindle

灌木

圍籬、庭院、公園、海岸

1～5m

相似的樹：厚葉石斑木（P.79）、扶芳藤（P.111）、衛茅（P.98）

花寶 ▶ 1 2 3 4 5 6 7 8 9 10 11 12 出現處 街中 ★★ 野山 ★

不分裂葉

邊緣有鋸齒

對生

常綠樹

葉子顏色多變，從翠綠乃至金、銀、黃金一應俱全

　　有人認為「正木」的名稱源自其枝葉一整年都保持翠綠，從「鮮綠的樹木」的日文發音演變而來。如大家從照片所見，光彩耀人的鮮綠色對生葉，以及同樣是綠色的枝條，正是日本衛茅的特徵。不過，目前已培育出各種葉片參雜著各種不同斑紋的斑葉品種，所以被當作庭院樹木的衛茅，現在已經不是純綠色了。代表性品種有金、銀、黃金等。如果當初的命名者地下有知，想必臉上會變得一片慘綠吧。

日本衛茅和黃金種的日本衛茅交錯而成的圍籬

看起來閃閃發亮，光澤十足

蝦米！居然有這麼多顏色…

開花的野生日本衛茅

結果的日本衛茅

（實物尺寸）

背面

←日本衛茅
野生的衛茅生長在海邊。葉長 4～8cm

葉子成對排列，樹枝也是綠色

金日本衛茅。葉片的周圍有黃色斑紋

銀日本衛茅。葉片的周圍有白色斑紋

黃金日本衛茅。整片嫩葉都是黃色

龜甲日本衛茅。葉片的周圍有奶油色斑紋

紅果金栗蘭

金栗蘭科草珊瑚屬
英語名：Sarcandra

灌木

庭院、公園、神社的樹林、海邊的樹林

0.5～1.5m

野生 人工栽培

相似的樹：東瀛珊瑚（右）、硃砂根（P.82）、山桂花

花實 ▶ 1 2 3 4 5 6 7 8 9 10 11 12　出現處 街中 ★★　野山 ★

不分裂葉

邊緣有鋸齒

對生

常綠樹

花朵是黃綠色至奶油色，沒有花瓣的關係，看起來並不起眼

（實物尺寸）

葉緣呈不規則的鋸齒狀

種在院子裡，結實纍纍的紅果金栗蘭

背面

葉長
9～15cm

希望我的壓歲錢愈來愈多…

插一支當作新年裝飾…

紅色或黃色不等的果實被視為提升財運的吉祥物

　　它的枝端通常長著 4 片葉子，上面有紅色果實聚生的樣子很討喜可愛，所以從古時候就常被種在門口前，也被當作新年的裝飾品。因為極受歡迎，因而被冠上貨幣名稱「千兩」。它和萬兩（P.82）都被視為帶有好兆頭的植物，寓意著招生意興隆與財源廣進。既然是如此有價值的植物，的確會想讓人種種看呢。果實的顏色有個體之差，結出黃色果實的稱為黃果金栗蘭。在宜蘭、台北、南投、屏東、台東等低海拔山區可以找到。

葉子大多是鮮綠色，葉脈稍微突出

紅果金栗蘭的正常果實。也有被鳥食用而野化的情況發生

黃果金栗蘭的果實

東瀛珊瑚

桃葉珊瑚科桃葉珊瑚屬
英語名：Aucuba

灌木

庭院、公園、雜木林、神社樹林、山地

0.5～3m

野生　人工栽培

不分裂葉

邊緣有鋸齒

對生

常綠樹

主要種類：青木、南國青木、姬青木

花 ▶ 1 2 **3 4 5 6 7** 8 9 10 11 12
實 ▶ **1 2 3 4 5** 6 7 8 9 10 11 **12**

出現處　街中 ★★★　野山 ★★★

在黑暗中閃耀著
青色光芒的樹

其重要特徵是大型的對生葉，青木的名稱源自葉子和嫩枝的顏色非常青翠。以前的人把綠色稱為青色，所以它的名稱才會是「青木」，而不是「綠木」。青木即使在陰暗的森林裡也能順利生長，置身於柳杉林間或都市的森林之中也照樣生長得很好，而且葉片帶有強烈的光澤，看起來很像發著青色光芒。會結出漂亮的紅色果實，葉片參雜著黃紋或白紋的品種（星點東瀛珊瑚）也不少，很常被當作耐陰植物種植在院子裡。

←星點東瀛珊瑚
（30%）

鋸齒的大小和葉片的寬度因個體而異

開的是紫色～茶色的小花（雌花）

背面

（90%）

東瀛珊瑚→
葉長 8～25cm。枝條也是綠色

有雄株和雌株之分，只有雌株會結果

東瀛珊瑚在黑暗的森林之中看起來像發著青光

橢圓形的果實長約 2cm。不可食用

珊瑚樹

五福花科莢　屬
英語名：Sweet viburnum

小喬木

公園、圍籬、
庭院、防風林、
神社樹林、
海邊樹林

相似的樹：石楠（P.81）、枇杷（P.74）、日本莢蒾等
花寶▶ 1 2 3 4 5 6 7 8 9 10 11 12　出現處 街中 ★★　野山 ★

3～10m

野生 人工栽培

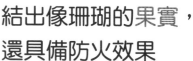

結出像珊瑚的果實，還具備防火效果

　　「珊瑚樹」的名稱，來自它在夏秋兩季結出的紅色果實。連結果的枝條也是紅色，看起來幾乎和高級的珊瑚沒有兩樣。其他特徵還有長著又厚又長的對生葉，葉柄呈茶紅色。因為葉片厚，含水分量高，不易起火燃燒，所以被當作防火樹種植，對預防火勢蔓延有很好的效果。做法是在住家四周呈列狀種植。據說在發生大地震和嚴重火災時，綠籬受損的程度反而比水泥牆輕微。這就是老祖宗的智慧吧。

長出複數枝幹的樹形很常見

鋸齒的起伏平緩，有些葉子甚至沒有

（80%）

葉柄粗，帶茶～紅色

背面（80%）

葉脈的分歧點有蟎蟲棲息的孔穴（蟎蟲穴）

葉 10～20cm

長約 1cm 的紅色果實呈三角狀聚集。枝柄也是紅色

初夏會開出許多一簇簇的小白花

樹皮不會裂開，散布著皮孔

大花六道木

別名：大花糯米條、六條木　相似的樹：溫州六道木

忍冬科糯米條屬
英語名：Abelia

灌木　行道樹、圍籬、庭院、公園（原產於中國）

0.5～2m

野生　人工栽培

花 ▶ 1 2 3 4 5 6 7 8 9 10 11 12
實 ▶ 1 2 3 4 5 6 7 8 9 10 11 12

出現處　街中 ★★★　野山

邊緣有鋸齒

對生

半常綠樹

以前的「毽子」變成現在的「竹蜻蜓」

它是由兩種原產於中國的植物雜交後完成的園藝種，花期很長，所以很受歡迎。屬於忍冬科，常綠矮生灌木，在　暖、潮濕的氣候下能快速生長，在剛長出的幼枝為紅褐色，表面有短毛；花型是鐘形，仔細聞，可以聞到花香味，特別適合種在做為行道樹，在日本當地也有一些與其相似的木，例如溫州六道木，稱為衝羽根。「衝羽根」是以前的毽子，而這種樹得到此名的原因源自於果實的形狀很像毽子的羽毛。現在踢毽子的人少了，改成「竹蜻蜓」應該更容易想像。葉子是小型葉，屬於到了冬天還會留下大約一半葉子的半常綠樹。

種在道路旁，被修剪成四角形的大花六道木

開白花。留下來的紅色花萼雖然看起來像果實，但不會產生種子

也有葉子有斑紋的品種和開粉紅色花的品種（P.20）

果實有 2 ～ 5 個的果萼

鋸齒很細小

羽子板（類似球拍）↓

毽子

（實物尺寸）

深綠色的葉片具有強烈的光澤

溫州六道木 ↓ ↑
生長於山地的落葉灌木。花朵顏色有白色、淺黃色、粉紅色。葉長 2 ～ 6cm

背面

（實物尺寸）

←大花六道木
葉長 2 ～ 5cm

果實有 5 個果萼

97

衛矛

衛矛科衛矛屬

英語名：Winged burning bush

日文別名：小檀　相似的樹：西南衛矛、垂絲衛矛、春榆、日本紫珠（右）

灌木

0.5～3m

圍籬、庭院、公園、雜木林、山地

野生　人工栽培

花實▶ 1 2 3 4 5 6 7 8 9 10 11 12　出現處 街中 ★★　野山 ★★

翅膀特別大的個體。長在樹枝和枝幹的四方

葉色轉為紅色的樹叢

黃綠色的花朵看起來並不起眼。這株的樹枝上沒有翅膀

枝頭上的翅膀是用來做什麼的？

衛矛最重要的特徵，莫過於長在樹枝上，排列成翅膀形狀的薄片。這些薄片在日本被稱為「翼」，由木栓質所組成，質地堅硬，但至今不是很清楚用途為何。看起來像是為了加強樹枝的強度，但只要仔細觀察，就會發現也有不少沒有翅膀的個體（日文稱為小檀）。不論用途為何，都是極為有趣的特徵，所以翅膀特別大的會被挑出來，種植在庭院裡。葉子在秋天會變成紅色和粉紅色，因為美得像錦緞一樣，所以在日本被稱為錦木。

也無法張開羽翼飛翔⋯

（實物尺寸）

背面

翅膀的大小與有無因個體而異

←衛矛↑
葉長 3～7cm。果實一般會裂成兩個，從裡面露出種子往下垂

（80%）

枝條是綠色的，沒有翅膀

←西南衛矛↑
生長在林間的小喬木，有時當作庭木栽培。果實會裂成4個。葉子比衛矛大，葉長 7～13cm

紫珠

唇形科紫珠屬
英語名：Beautyberry

主要種類：日本紫珠、白棠子樹、高山紫珠　相似的樹：齒葉溲疏

花實▶ 1 2 3 4 5 6 7 8 9 10 11 12　出現處 街中 ★★　野山 ★★

灌木
0.5～5m

庭院、公園、雜木林、山地
野生 人工栽培

不分裂葉

邊緣有鋸齒

對生

落葉樹

在植物中擁有最美麗的紫色

在秋天結出的果實，美到像經過人為加工，在筆者眼中，它擁有所有植物中最美麗的紫色。莖多分枝，具粗糙質感，且全株披著褐色毛絨，花朵屬於對生地花序，結果時有紅色肉質核果，等到成熟後就會呈現漂亮的紫色，喜歡溫暖及高溫潮濕的環境，常常我們可以在野外的溪邊溝谷、山坡灌叢之中發現他的蹤影。而經常栽培在庭院的其實是白棠子樹。因為葉子和果實都很嬌小，結果又多，所以很受歡迎。

種植在庭院的白棠子樹已經開花。伸得長長的枝椏有些下垂

日本紫珠的果實。果實長得不如白棠子樹密集。

開出淡粉紅花朵（P.20）的日本紫珠

←高山紫珠
外型與紫珠相似，差異在於葉片和果實（果萼）多毛，葉子摸起來有毛絨絨的感覺

葉尖伸得很長

葉片的前半部有鋸齒

在夏季開粉紅色的花　背面

枝端的芽顏色偏白

（90%）

紫珠↑
種植的人不多，大多生長在雜木林。葉長5～13cm

果梗大多會留下來

白棠子樹↑
大多當作庭木栽培，偶爾可見野生的樹。葉長3～7cm

（實物尺寸）

連翹

木樨科連翹屬
英語名：Golden bell

主要種類：金鐘花、卵葉連翹、連翹　相似的樹：馬纓丹

花實 ▶ 1 2 3 4 5 6 7 8 9 10 11 12　出現處 街中 ★★★ 野山

不分裂葉

邊緣有鋸齒

對生

落葉樹

灌木
0.5～2.5m

圍籬、公園、庭院、行道樹（主要原產於中國、朝鮮）

野生　人工栽培

開花的金鐘花。大多修剪得矮矮的

在櫻花季開花的
黃色花朵

　　不曉得各位在櫻花開花時，有沒有注意到有一些黃花也開了呢？如果是草花，最有名的是油菜花，如果是樹木，最具代表性的就是連翹了。連翹主要有金鐘花、卵葉連翹、連翹這 3 種，前兩者和它們的雜交種都被廣泛種植。其共同特徵是葉片光滑，葉緣的鋸齒有稜有角，到了秋天葉子會轉變成紫色～紅色，另外有一種同樣是葉緣的鋸齒有稜有角的樹稱為馬纓丹，但完全是不同科屬的植物，其特徵是夏天會開出色彩繽紛的花。

花朵有 4 片細長的花瓣，枝端會長出新葉

卵葉連翹的枝葉。葉子稍微寬一些

只有葉片的前半端呈鋸齒狀，有些葉子甚至完全沒有

果實成熟後會轉為茶色，蹦開

質地粗糙，撕碎會散發出強烈的香氣

（實物尺寸）

有稜有角的鋸齒

（實物尺寸）

背面

←金鐘花
日文稱支那連翹，原產於中國。葉片細長，長度 5 ～ 10cm

↑連翹
原產於中國，葉片的幅度寬，長 4 ～ 8cm。有時候也會出現 3 出複葉

有些枝條有刺

馬纓丹 ↑→
馬鞭草科的常綠灌木，原產於熱帶美洲，在溫暖地區被當作庭木栽培。花的顏色多變，有黃色、橘色、粉紅色等，葉長 4 ～ 12cm

100

齒葉溲疏

繡球花科溲疏屬
英語名：Deutzia

灌木

路旁、雜木林、田地、庭院、公園、山地

0.5～3m

野生 人工栽培

不分裂葉

邊緣有鋸齒

對生

落葉樹

主要種類：齒葉溲疏（別名卯花）、阿里山溲疏、圓葉溲疏　相似的樹：歐洲山梅花

花寶▶ 1 2 3 4 5 6 7 8 9 10 11 12　出現處 街中 ★★　野山 ★★★

種類多到讓人數不清的樹木

　　齒葉溲疏有著中空的樹枝。樹枝中空的落葉灌木很多，台灣原生的溲疏有三種，分別為心基葉疏、大葉疏以及台灣疏。葉子為立體星狀毛的是心基葉溲疏，葉革質的是大葉溲疏，葉為紙質的是台灣溲疏。想要把每一種樹對上正確的名稱實在很困難，光想到就讓人鬱悶，乾脆把它們改名叫做「鬱木」好了。接下來言歸正傳，齒葉溲疏是山野間最常見的種類，特徵是葉子細，質地粗糙。外型相似還有阿里山溲疏、圓葉溲疏，以及不同屬的歐洲山梅花等。

齒葉溲疏的花（5月），花瓣有5片，樹枝伸得很長

種植在庭院，開滿花的阿里山溲疏（4月）

齒葉溲疏的果實。長長的枝條會留下來，是溲疏屬的特徵

歐洲山梅花的花有4片花瓣

←齒葉溲疏
葉長 5～10cm

摸起來粗粗的

（實物尺寸）

空心的粗樹枝

不會粗粗的

（80%）

↑阿里山溲疏
生長在山地，也被當作庭木栽培

葉片寬，質地粗糙

↑圓葉溲疏
生長在樹林間

有 3 條伸得很長的葉脈

（80%）

↑歐洲山梅花
山梅花屬。生長在山地，有時被當作庭木栽培

錦帶花

忍冬科錦帶花屬

灌木

庭院、公園、山地、雜木林

0.5～4m

野生　人工栽培

主要種類：箱根錦帶花、雙色錦帶花、錦帶花、紅錦帶花、黃花錦帶花

花實▶ 1 2 3 4 5 6 7 8 9 10 11 12　出現處 街中 ★★　野山 ★★

箱根錦帶花開的是紅白交錯的花，右邊看得到果實

一棵樹居然開兩種顏色的花！

　　這個族群的樹木，最大特徵是帶著夢幻的五顏六色的花色。最不可思議的是雙色錦帶花和箱根錦帶花，一棵樹居然會開紅色和白色的花。錦帶花和紅錦帶花一般開的是粉紅色花，但也有開深粉紅色花的品種，另外，還有開黃花的黃花錦帶花，這些錦帶花屬的樹木，有著中空的樹枝，屬於落葉灌木，算是葉子比較大型的種類。若要正確區分每一種，關鍵在於葉片背面的毛。

錦帶花的花

箱根錦帶花的幼果，看起來像細瘦的香蕉

葉片參雜著斑紋的紅錦帶花

每一種的葉長都是 5 ～ 15cm

（實物尺寸）

到了秋天葉子變色的雙色錦帶花

箱根錦帶花→
幾乎無毛，生長在海邊，也被當作庭木栽培

背面（200％）

雙色錦帶花→
只有分布在葉片背面的葉脈上的毛比較多。生長在山地，偶爾被當作庭木種植。花參照 P.20

背面（200％）

錦帶花→
背面整體多毛。也被當作庭木栽培

背面（200％）

連香樹

連香樹科連香樹屬
英語名：Katsura tree

相似的樹：日本椴樹（P.44）、雙花木、二柱楓

花實 ▶ 1 2 3 4 5 6 7 8 9 10 11 12　出現處 街中 ★★　野山 ★★

喬木

10～30m

公園、行道樹、神社、溪谷、山地、庭院

野生　人工栽培

不分裂葉

邊緣有鋸齒

對生

落葉樹

落葉散發著有如棉花糖的甜蜜香氣

　　連香樹的樹葉顏色會隨著不同的溫度變化而出現紅色、黃色、粉紅色等不同顏色，也因為葉子含有麥芽醇，所以會用來加工提取香味。因葉形和紫荊非常相似，所以又被稱為「紫荊葉」，是一種外型清新討喜的樹。葉子是可愛的心形，到了秋天會轉為黃色。最大的特徵是，掉落變乾沒多久的葉子，散發著一股有如棉花糖般的香甜氣味。到了葉子變色的季節，濃郁的程度甚至會讓人懷疑「是不是有人在賣棉花糖？」也有人覺得味道聞起來很像焦糖或醬油烤丸子。

公園裡的連香樹，葉子已經變色。樹形像銀杏一般細長

特徵是渾圓的對生葉，可當作識別的重點

樹皮的顏色淺，縱裂

指甲般的芽

幼齡樹有不少細葉，也有變紅的葉子

葉子是心形和圓形，長度4～8cm

變色葉（40%）

鈍鋸齒

香蕉形狀的果實長約1.5cm，轉為茶色成熟後會裂開。花朵雖然是紅色，但是太小看起來不顯眼（P.20）

背面

（實物尺寸）

Oh my God！
拼命聞
夏季的綠色葉子乾燥後會散發出甜甜的香氣

103

繡球花

繡球花科繡球屬

英語名：Bigleaf hydrangea

主要種類：額繡球、山繡球、蝦夷繡球　相似的樹：蝴蝶戲珠花（P.107）

花實 ▶ 1 2 3 4 5 6 7 8 9 10 11 12　出現處 街中 ★★★ 野山 ★★

灌木

庭院、公園
山地、海岸

0.5～2.5m

野生　人工栽培

左邊是只有裝飾花的品種。右邊是繡球花

額繡球的花。大的是裝飾花。右上角的是真正的花

山繡球的白色裝飾花與花苞

利用 "假花" 吸引蟲也吸引人

　　梅雨季就是繡球花開花的季節，它的花色繁多，有藍色、粉紅色、白色等。不過或許很多人不知道，其實我們平常看到的大花是「假花」，因為它的真花其實很小，必須靠著吸睛的假花才能吸引昆蟲，繡球花有很多品種的花全部都是裝飾花，連人也深深受到吸引。除了生長在海邊的額繡球，也有生長在山裡的山繡球和蝦夷繡球，而這些繡球的雜交種和其他多數品種都統稱為繡球花，雖然它的葉片大到能當作器皿，但是具有毒性。

山繡球↓
生長在山地，被當作庭木種植。
葉長 9～20cm

鋸齒的大小
不一

葉片顏色淺，
沒有光澤

（60%）

有些葉緣
的鋸齒是
四角形

（60%）

←額繡球
葉長 12～20cm

葉片厚實有光澤，看起來閃閃發亮

各種繡球花

繡球花科繡球屬
英語名：Hydrangea

灌木

庭院、公園、山地、雜木林

0.5 ～ 4m

野生　人工栽培

不分裂葉

邊緣有鋸齒

對生

落葉樹

主要種類：小繡球、長葉繡球、橡葉繡球、圓錐繡球、攀緣繡球
花季▶ 1 2 3 4 5 6 7 8 9 10 11 12　出現處　街中 ★★　野山 ★★

繡球花是個
成員繁多的大家族

　　繡球花科繡球屬的成員，除了左頁介
紹的，還有其他各式各樣的種類，大多數
也都有裝飾花。被當作庭木和盆栽種植的
橡葉繡球，最明顯的特徵是葉片呈分裂
狀，圓錐繡球又有金字塔繡球之稱，原因
是白色的花朵聚集成三角錐形，沿著谷地
生長的長葉繡球，長著球形的花苞，葉子
屬於大型葉。至於生長在雜木林等處的小
繡球，則是沒有裝飾花的異類，葉緣巨大
的鋸齒看起來很醒目。

橡葉繡球開的是白色的
花。葉子像槲樹（P.34）

長葉繡球的花是淡紫色。
花苞看起來像兵乓球

小繡球的花是藍紫色，偶爾
開白花。沒有裝飾花

屬於圓錐繡球只有裝飾花的
品種（金字塔繡球）

一般是分裂
成 5 塊

←橡葉繡球
原產於北美。葉
長 10 ～ 25cm

質地粗糙

（40％）

←小繡球
葉長 6 ～ 12cm

（40％）

（40％）

長葉繡球→
葉長 10 ～ 25cm

圓錐繡球→
葉長 7 ～ 15cm

（40％）

莢蒾

五福花科莢蒾 屬　　灌木

英語名：Arrowwood

雜木林、山地、庭院

主要種類：莢蒾、松田氏莢蒾、基隆莢蒾、山莢蒾

花實▶ 1 2 3 4 5 6 7 8 9 10 11 12　出現處 街中 ★　野山 ★★★

1～3m

野生　人工栽培

結果的莢蒾。葉子變色時會轉為暗橘色～紅色

味道雖酸，卻被稱為神之果實

　　莢蒾是我們到近郊的雜木林健行時，很容易遇到的樹。它在初夏會開出許多小白花，秋天會結出紅色的果實。果實雖然可以食用，但是味道非常酸，稱不上美味。不過，據說莢蒾的名稱源自「神之果實（發音為 kamitumi）」。聽說青森的冬季獵人把它當作營養補給飲料飲用。莢蒾的成員還有松田氏莢蒾、基隆莢蒾等好幾種，特徵是渾圓的葉片與筆直的葉脈。

松田氏莢蒾的花。不論是花、葉、果實，都比莢蒾小了一點

基隆莢蒾的花和果實數量都少，而且往下垂

（80％）

←松田氏莢蒾

葉子小的莢蒾。葉長 4～10cm。外型與其相似的基隆莢蒾的毛很少

通常表面都長著絨毛

莢蒾類可榨成果汁或釀成果實酒

也有鋸齒很鈍的葉子

莢蒾→

葉長 5～14cm。外型和它很相似的山莢蒾，差別在於葉片的毛很少

圓葉雖多，但也有細長的葉子。摸起來粗粗的

（80％）

背面

樹枝和葉柄的毛也很多

蝴蝶戲珠花

五福花科莢蒾屬
英語名：Snowball

灌木

庭院、公園、
山地、
雜木林

1～5m

野生 人工栽培

不分裂葉

主要種類：蝴蝶戲珠花（別名蝴蝶莢蒾）、粉團　相似的樹：假繡球、雞樹條
花寶 ▶ 1 2 3 4 5 6 7 8 9 10 11 12　出現處 街中 ★★　野山 ★

花朵呈圓團狀，看起來和繡球幾乎沒有兩樣

　　源自蝴蝶戲珠花開花時，有無數白色小花聚集成棒球大小的球狀，看起來就像一顆「大手毬（用絲線編成的球）」而得名。手毬是古時候的人拿在手上拋擲把玩的球，而英文則稱為「Snowball＝雪球」。順帶一提，另一種「小手毬」（P.41）則是薔薇科的樹，也就是「草叢的手毬」的野生的粉團，會長出類似繡球花的裝飾花，其中，只長出裝飾花的品種就是蝴蝶戲珠花，它的特徵是葉片形狀渾圓，近乎圓形。

盛開的蝴蝶戲珠花。外型與它很相似的雞樹條，葉三裂

粉團的果實。
成熟時從紅色
轉為黑色

蝴蝶戲珠花的花全部都是
裝飾花，所以不會結果

粉團的花。中央是花，周圍是裝飾花

邊緣有鋸齒

對生

落葉樹

（80％）

背面

筆直的葉脈和呈
四方形的鋸齒看
起來很顯目

（80％）

←蝴蝶戲珠花
葉長 5～10cm

假繡球→
日文別名為蟲狩。生長在北海道～
九州的山地。葉長 8～20cm

107

夾竹桃

夾竹桃科夾竹桃屬
英語名：Oleander

灌木

公園、行道樹、庭院（原產於印度、歐洲）

2～5m

野生 人工栽培

別名：洋夾竹桃　相似的樹：石楠杜鵑（P.165）、竹子和矮竹

花實 ▶ 1 2 3 4 5 6 7 8 9 10 11 12　出現處 街中 ★★　野山

（日本ではめったに がならない）

有許多側脈平行排列。表裡兩面的質感都很平滑，摸起來像橡膠

（實物尺寸）

背面

同一處長了3片葉子

撕開枝葉會流出白色汁液。若不慎接觸到皮膚，可能會發癢

它的樹枝千萬不能用來烤肉

　　在夏季開花的夾竹桃，不但花期很長，淨化空氣的能力也很強大，所以不論在台灣還是世界各地都被廣泛種植。但是要注意的是，整棵樹都含有劇毒。在歐美曾經發生有人用它的樹枝串成烤肉串，結果造成 7 人死亡的意外事故。另外也有小朋友食用葉子後死亡的悲劇。夾竹桃的毒性之劇烈，似乎只要吸入燃燒樹枝時所產生的煙，就會嚴重中毒。為了保護自己及他人的安全，擁有正確的知識很重要。它的特徵是 3 片的輪生葉，形狀細長，非常容易辨識，請各位千萬不要忘記。

粉紅色的重瓣花。一處長了3片葉子（三輪生）

花朵有白色、粉紅色、紅色，在夏天開花，花期非常的長

從根部長出許多細小枝幹，是極具特徵性的樹形

梔子花

茜草科梔子屬
英語名：Gardenia

灌木

庭院、公園、圍籬、行道樹、神社的樹林山地

0.2～3m

野生　人工栽培

不分裂葉

葉緣平滑

對生

常綠樹

主要種類：梔子花、小梔子花（日文別名姬梔子）

花實▶ 1 2 3 4 5 6 7 8 9 10 11 12　出現處 街中 ★★　野山 ★

黃色的果實
可當作天然色素使用

栗金團
（栗子泥製作的日式甜點）

拉麵

馬卡龍

重瓣梔子的葉子是大型葉

背面（90%）

↓梔子花
葉長 6～17cm

　　它的花朵形狀像風車，又散發著迷人的香氣，因此廣泛在各地種植。種植得夠久，等到了秋天，它會結出剖面是六角形的奇特果實，但即使成熟了也不會裂開。若是剖開果實，取出黃色～橘色的果肉，再把果肉混入白米一起炊煮，就會煮出一鍋鮮黃的米飯。另外，很多食品，包括各種點心和料理都會以梔子花色素（除了黃色，也有綠色、紅色、藍色）當作色素，替食物著色。平行排列的側脈看起來很明顯，一處會長出 2～3 片葉子。

葉脈平行排列

葉柄基部（托葉）纏繞著莖

（實物尺寸）

梔子花的重瓣花品種。不會結果

枝端會冒出綠色的尖芽

葉片細，體型比梔子花的葉子小很多

（實物尺寸）

花瓣一般有 6 片，顏色會轉為淡黃

果實是黃～橘色。前端會留下 6 支左右的果萼

小梔子花→
梔子花的變種，葉子和花都是小型，樹高約 20～50cm。原產於中國，被種植於庭院和公園。葉長 2～7cm

黃楊

黃楊科黃楊屬
英語名：Boxwood

灌木

圍籬、公園、
庭院、行道樹
多岩石的山

0.5～3m

主要種類：日本黃楊、Boxwood、小葉黃楊　相似的樹：假黃楊（P.89）、六月雪
花實▶1 2 3 4 5 6 7 8 9 10 11 12　出現處 街中 ★★　野山 ★

野生 人工栽培

不分裂葉

葉緣平滑

對生

常綠樹

被修剪成箱型的樹

　　黃楊的枝葉小，長得又密集，經常被修剪成四角形或圓形。歐美把黃楊類的樹木稱為箱樹，原因是這種樹的木材經常被用來製成小盒子，而且樹形也大多被修剪成方正的箱子形狀。順帶一提，黃楊的木材，除了用來製作印章和梳子，製成將棋的棋子的機會也不少。黃楊有好幾個品種，此外，也常被誤以為是冬青科的假黃楊。兩者的差異在於，黃楊長的是葉緣無鋸齒的對生葉，而假黃楊長的是葉緣呈鋸齒狀的互生葉。

被修剪成四角形的 Boxwood 樹叢

黃楊的花。淺黃色的花朵沒有花瓣，看起來不起眼

黃楊的果實有 3 個角，成熟時轉為茶色後，裂開 20 修剪作業

修剪成四四方方。

葉子比黃楊大，厚度和顏色都比較淺。葉子在冬天會泛紅

← Boxwood

它也被視為黃楊的品種之一，廣泛種植。葉長 1.5～2.5cm

背面

（實物尺寸）

前端沒有凹陷

←黃楊

生長在多岩石的山，被當作庭木栽培。葉子是橢圓形。葉長 1～2cm

前端凹陷

背面

背面的中央有白色的粉狀線

（實物尺寸）

←小葉黃楊
葉長 1～2cm

很多葉子的葉緣像描了一圈白線（斑紋）

葉子基部有尖棘狀突起（托葉）

←↑六月雪

茜草科的灌木。原產於中國，被當作庭木種植。花是白色～淡紫色。葉長 0.5～2.5cm

（實物尺寸）

(110)

細梗絡石

夾竹桃科絡石屬
英語名：Star Jasmine

主要種類：細梗絡石、毛絡石、絡石　相似的樹：扶芳藤

花寶 ▶ 1 2 3 4 5 6 7 8 9 10 11 12　出現處 街中 ★★　野山 ★★★

藤本植物
0.2～10m

雜木林、神社林、庭、壁面綠化、山地
野生 人工栽培

不分裂葉

葉緣平滑

對生

常綠樹

小螺旋槳起飛吧！

　　細梗絡石遍佈台灣全島低海拔地區灌叢、森林邊緣或是近海岸地帶都可以看見的植物。外型像是一顆白色的毛球，會在天空中飛。有人認為，這個謎樣的生物，可能是細梗絡石的種子。它的外型比蒲公英的絨毛大了 10 倍左右，會在空中慢慢飛舞，細梗絡石在溫暖地區的森林，經常纏繞在樹上，在地面爬行的枝葉則小型化，外型和扶芳藤幾乎沒有兩樣。開花時會散發迷人清香，也被當作庭木種植，但要小心的是，枝葉受損時會流出白色汁液，若不慎接觸接皮膚，可能會引起搔癢。

星形花會從白色轉為淡黃色（P.23）。老葉會變紅

細長的果實長約 2cm，成熟時從紅色轉為茶色。無法看得很清楚

果實裂開後會彈出直徑約 4～5cm，帶有絨毛的種子

背面的葉脈佈滿網紋，獨特醒目

背面的葉脈不明顯

←↓細梗絡石
葉長 3～8cm

（實物尺寸）

葉緣沒有鋸齒

這是細梗絡石的品種之一，名為初雪葛，嫩葉的顏色是白色和粉紅色

有鋸齒

（實物尺寸）

↓扶芳藤→
衛矛科的藤本植物。花是黃綠色，果實是橘色。葉長 2～6cm

這兩種匍匐在地上的枝條的葉都很小，長度 2～3cm，葉脈突出

匍匐在地上的枝條的葉

匍匐在地上的枝條的葉

(111)

竹柏

羅漢松科竹柏屬
英語名：Asian bayberry

日文別名：力柴、弁慶葉　相似的樹：日本女貞（右）

花實 ▶ 1 2 3 4 5 6 7 8 9 10 11 12　出現處 街中 ★　野山 ★

喬木

神社、庭院、山地

4～15m

野生　人工栽培

看起來像闊葉樹的針葉樹。花看起來不起眼

真的撕不開嗎？

　　竹柏的葉子寬大，稱得上是針葉樹中的異類。有去日本旅遊過，不難發現生長在日本的竹柏，十之八九都是出現在神社。例如熊野神社便將之視為神木而加以種植。除此之外，因為它的葉子很難撕開，所以也被當作結緣護身符的象徵。其實不容易撕開的原因很簡單，因為它的葉脈是縱向的平行脈，如果拉住上下兩邊，確實不容易扯開。就筆者個人嘗試的經驗來說，有些葉子真的很不好撕開，但大部分的葉子只要多用點力還是撕得開。就像男女之間的緣分，其實也是說斷就斷對吧。

雌株會結出覆滿白粉的圓形果實，成熟時轉為紫色　樹皮呈鱗片狀剝落，顯得顏色黯淡不均

兩面都很光滑，沒有毛

葉長 5～8cm

背面（實物尺寸）

用力

※ 這樣撕就容易撕多了

縱向的葉脈平行排列

（實物尺寸）

日本女貞

木樨科女貞屬

英語：Japanese privet

灌木～小喬木

公園、圍籬、庭院、雜木林、神社的樹林、海邊的樹林

2～10m

野生 人工栽培

不分裂葉

主要種類：日本女貞、女貞　相似的樹：香桃木（P.114）、卵葉女貞

花實 ▶ 1 2 3 4 5 6 7 8 9 10 11 12　出現處 街中 ★★★ 鄉山 ★★

葉緣平滑

對生

常綠樹

果實長得像老鼠大便

　　果實長得像老鼠大便，再加上葉子長得像全緣葉冬青（P.156），所以由鼠（老鼠大便）＋黐（冬青）所組合而成因此有鼠黐之稱。把果實和老鼠大便相提並論，固然是很過分的說法，而且話說回來，現在大部分的人應該連老鼠大便都沒看過吧。不過看看細長的黑色果實，應該不難想像。和全緣葉冬青的差異在於它的葉子質感平滑，而且是對生葉。外型與日本女貞非常相似的女貞，葉子和體型都比較大，果實幾乎是圓形。如果同樣要以動物的糞便來取名，我覺得「兔黐」這個名字值得考慮。

日本女貞的花，開的是小白花。在向陽處很會開花

日本女貞的果實。橢圓形的果實長約 1cm。成熟時轉為黑紫色

種植在大樓庭院的日本女貞。樹皮的顏色偏白

女貞↓

原產於中國的小喬木。種植在公園等處。如果種植在佔地遼闊的庭園，很容易野化。葉長 6～12cm

如果對著陽光照，可以看到橫向生長的側脈

把葉子撕開會散發有一點類似青蘋果的味道

葉片厚實，即使對著光照也看不到側脈

（實物尺寸）

背面

（90％）

女貞的果實很圓

日本女貞→

日本原生灌木。葉長 4～9cm

背面

橄欖

木樨科木樨橄欖屬
英語名：Olive

相似的樹：月桂樹（P.152）、石榴（P.116）、水蠟樹（右）、香桃木

花實▶ 1 2 3 4 5 6 7 8 9 10 11 12　出現處 街中 ★★　野山

小喬木
2～8m

庭院、公園
（原產於地
中海沿岸）

野生 人工栽培

橄欖樹的幼齡樹。挺立的葉片和泛白的背面很顯目

橄欖的花小又潔白

果實長 2～4cm，成熟時從
紅紫色轉為黑色。鹽漬過也
很好吃

象徵著和平的
地中海之木

　　橄欖被大量栽培在雨量少、氣候溫暖
的地中海沿岸，從果實萃取出來的便是義
大利料理必備的橄欖油。橄欖樹屬於常綠
喬木，生長能力可說是非常強盛，因此在
運用上可說十分的廣泛，比如各式的木製
品、托盤、木砧板等等。為了耐乾燥，橄
欖的葉子演化成形狀細長，質地稍硬的狀
態。歐美自古便把它視為和平的象徵，連
聯合國的旗幟也畫著橄欖枝。順帶一提，
最近在日本看到橄欖和香桃木等原產於歐
洲的庭木的機會也愈來愈多了。

橄欖葉→

聯合國的徽章

把葉子對著光照，
看得到許多小點

背面

（實物尺寸）

←↑ 香桃木

桃金孃科的灌木。別名香
桃金孃。原產於地中海沿
岸的庭院樹木。葉小，質
地硬，長約 1～5cm。
黑紫色的果實味道很甜
（P.25）

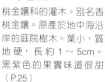

撕開會散發
強烈的香氣

兩面都
有小點

背面是銀白色

橄欖→
葉長 3～7cm

（實物尺寸）

水蠟樹

木樨科女貞屬

英語名：Border privet

主要種類：水蠟樹、小蠟樹、深山水蠟樹　　相似的樹：石榴（P.116）

花寶 ▶ 1 2 3 4 5 6 7 8 9 10 11 12　　出現處 街中 ★★　野山 ★★

灌木

1～3m

公園、圍籬、
庭院、雜木林、
河灘、山地
田地

野生　人工栽培

不分裂葉

葉緣平滑

對生

落葉樹

利用介殼蟲達到
除疣的效果

　　在日本稱水蠟樹為疣取木，這個名稱
源自偶爾會寄生在水蠟樹的介殼蟲（水蠟
蟲），會分泌白蠟，而且量多到連樹枝都
被染白。利用這些白蠟，可以達到除疣的
目的。而介殼蟲在水蠟樹分泌出來的白
蠟，也可以用在門上，達到增滑的效果。
葉子是細長的對生葉，果實和花都很像日
本女貞（P.113）。在園藝店以「西洋水蠟
樹」或「privet」之名販售的，其實大多
是同屬女貞屬的小蠟樹（支那水蠟），大
多當作圍籬之用。

以小蠟樹的斑紋品種（silver privet）製作的圍籬

水蠟樹的花，白色的小花散
發著清香

水蠟樹的果實，長的是黑紫
色的圓形果實

中央的葉脈明顯凹
陷，看起來很醒目

←水蠟樹

葉長 3～7cm

（實物尺寸）

雌蟲　　　　　　　　　　　　雄蟲

白蠟蟲分泌的蠟

西洋水蠟樹
葉子偏短

小蠟樹→

原產於中國。上圖
為有白斑的品種，
種植的人很多。葉
長 2～7cm

（實物尺寸）

（實物尺寸）

石榴

千屈菜科石榴屬
英語名：Pomegranate

別名：安石榴　相似的樹：水蠟樹（P.115）、火刺木（P.88）、寒梅（P.84）

花實▶ 1 2 3 4 5 6 7 8 9 10 11 12　出現處 街中 ★★　野山

小喬木
2～7m

庭院、公園
（原產於西亞）

野生 人工栽培

花是鮮豔的橘色。即使是幼果，也是章魚香腸的形狀呢

果實的直徑 6～10cm，橘色～紅色。前端突出的形狀

有一點凌亂的樹形

果實的內部。果肉的味道酸酸甜甜，可以榨成果汁

神似大頭章魚
是多子多孫的象徵

　　在超市雖然幾乎買不到當水果吃的新鮮石榴，不過石榴樹倒是挺常見在某一家的庭園植物。石榴在夏季開了美麗的橘色花朵後，尚未成熟，外型宛如章魚香腸的幼果會逐漸長大。最後到了秋天，果實終於成熟，變得好像一顆頭超大的章魚外星人。裡面有許多可以吃的果粒，所以在世界各地都被視為多子多孫的象徵。或許把它種在庭院裡，也是基於希望能帶來好彩頭的期盼吧。不過，重瓣石榴花不會結果，石榴的葉片細長，具有光澤。

有前端尖的葉子，也有圓葉。
葉長 3～7cm

中央脈凹陷且顯目

（實物尺寸）

多子多孫的象徵

具有強烈的光澤

（實物尺寸）

背面

枝條前端大多呈尖刺狀

葉子大多成束

金絲桃屬

學名：Hypericum　英語名：St.John's wort

金絲桃科金絲桃屬

灌木

庭、公園、生垣、街路樹（中國原產など）

0.3～1.5m

主要種類：金絲梅、大花金絲梅、金絲桃　　別名：聖約翰草

花寶 ▶ 1 2 3 4 5 6 7 8 9 10 11 12　　出現處　街中 ★★　野山 ★

野生　人工栽培

不分裂葉

葉緣平滑

對生

半常綠樹

黃色的雄蕊有如蛋絲

　　Hypericum 是金絲桃屬的學名（世界共通的拉丁語名），它們的特徵包括開黃花，且含有大量雄蕊，以及葉子幾乎沒有葉柄。從以前就被當作庭木的金絲梅，正如其名，鮮黃的雄蕊有如蛋絲。而體型比金絲梅大上一圈的金絲桃，葉子和柳葉有幾分相似。最近出現在園藝市場的還有花朵體型更大的大花金絲梅、紅色果實看起來極為搶眼的園藝品種，因此要一一辨識清楚的難度愈來愈高。所以使用金絲桃這個統稱就不會出錯了。

最近在庭院和公園特別容易看到大花金絲梅

大花金絲梅的花很大，雄蕊比較短。不論是哪一種，都屬於冬天會有一半葉子留下的半常綠樹

金絲梅的花是半開狀態，葉子和花都比較小

金絲桃花的雄蕊很長，引人注意

葉子和金絲梅很像，差異在於背面的葉脈看得很清楚

背面
（實物尺寸）

ウラの葉脈はあまり見えない

↑大花金絲梅

別名 Hypericum Hidcote。由原產於歐洲的姬金絲梅等雜交種培育而成的園藝品種。樹高 50cm 左右。葉長 3～6cm

（實物尺寸）

←金絲梅

原產於中國。樹高 0.3～1m。偶爾會在河岸等處野化。葉長 2～4cm

（實物尺寸）

←金絲桃

原產於中國。樹高 1m 左右。葉長 4～8cm

金絲桃屬的共同特徵是幾乎沒有葉柄

背面

117

不分裂葉

葉緣平滑

對生

落葉樹

鶯籟

忍冬科忍冬屬
英語名：Honeysuckle

灌木

雜木林、山地、草叢、庭院

1～2m
野生 人工栽培

相似的樹：金銀木、忍冬（右）、溫州六道木（P.97）

花實 ▶ 1 2 3 4 5 6 7 8 9 10 11 12　出現處 街中 ★　野山 ★★

卵形的果實一個個往下垂。帶有清爽的甜味

果實雖然可食用，但要注意其他有毒的類似種

　鶯籟又稱為鶯神樂，此名得自樹鶯會在它的樹間跳躍，宛如跳著神樂（獻給神明的歌舞）。葉子是小型的卵形葉，紅色的果實可以食用，味道甜美。不過，同屬忍冬屬、分布在寒冷地區的有些金銀木具有毒性，所以也不能掉以輕心。金銀木的日文漢字是瓢簞木，此名稱來自金銀木是兩個果實疊在一起，形狀看起來像葫蘆。雖然看起來很好吃，其實有毒。順帶一提，還有另一種名為馬桑的灌木，具備強烈的毒性，以前曾發生多起小朋友誤食，結果不幸身亡的意外，請各位多加當心。

長出嫩葉的同時，粉紅色的花朵也往下垂

有時葉的基部會長出像是刀鍔的托葉，即使到了冬天也留著

←馬桑→
馬桑科的灌木。分布在寒冷地區。果實在初夏成熟，顏色從紅色轉為黑色，含有劇毒。葉長 6～8cm

鶯籟 ↓
葉長 3～6cm。有毛的稱為山鶯籟和深山鶯籟

葉子為卵形，表面的微小皺褶明顯，兩面都有毛

（實物尺寸）

（實物尺寸）

（實物尺寸）

3 條葉脈很明顯

背面

葉子是卵形～菱形

幼果

↑ 金銀木→
初夏會結出紅色的葫蘆形果實，有毒。葉長 2～6cm。花參照 P.22

背面

118

雞屎藤

茜草科雞屎藤屬
英語名：Skunk vine

藤本植物

草叢、路旁、雜木林

別名：雞矢藤、牛皮凍　相似的藤本植物：忍冬、薄葉野山藥

花寶 ▶ 1 2 3 4 5 6 7 8 9 10 11 12　出現處 街中 ★★　野山 ★★★

1～8m

野生　人工栽培

不分裂葉

葉緣平滑

對生

落葉樹

不信就聞聞看！
真的是屁味和糞味

　各位看到這種植物的名稱是不是大吃一驚？從字面上的意思來看，這是一種味道像「屁」和「大便」的蔓藤。它經常生長在光線充足的草叢，如果下次看到了，不妨搓搓心形的葉子再聞聞看。真的，你會聞到如假包換的屁味。有些人忍不住替它打抱不平「取這種名字也太過分了！」，但我個人卻覺得這個名字很不錯。之前我在植物觀察會向小朋友們介紹它的時候，就是利用它「真的臭得要命！」的特性，讓他們順利記住它的名稱。反倒是外型與其相似的忍冬葉，因為聞起來沒什麼味道，小朋友都對它沒什麼印象呢。

即使在市區，它也常常在路邊長得好好的

花朵的中央是紫紅色。味道聞起來還是屁味和大便味

果實是黃色～茶色。味道也是屁味和大便味

背面

←雞屎藤→
葉子是偏長的心形，長約 4～10cm

搓一搓就會聞到臭味。通常兩面多少都會長點毛

幼枝有時會出現葉緣分裂的葉子。

幼枝的葉（50％）

這片算是細葉，還有葉幅更寬的葉子。聞起來沒有味道

（實物尺寸）

枝條和葉柄也有毛

←忍冬→
忍冬科的半常綠藤本植物。分布在北海道～九州。葉長3～7cm

初夏時開花，顏色從白色轉為黃色。味道迷人，其花蜜可供吸食

背面

（實物尺寸）

119

紫丁香

木樨科丁香屬
英語名：Lilac

低木　庭、公園、街路樹（ヨーロッパ原）

別名：丁香、Lilas　相似的樹：暴馬丁香、醉魚草

花實 ▶ 1 2 3 4 5 6 7 8 9 10 11 12　出現處 街中 ★★　野山

1.5～5m

野生　人工栽培

盛開的紫丁香。花色大多是淡紫色～粉紅色，香氣迷人

聽說如果找到 5 片花瓣的花，就能順利譜出戀曲

紫丁香的花，一般是 4 片花瓣，但偶爾也有花裂成 5 片花瓣。這種 5 瓣紫丁香稱為幸運紫丁香。據說在原產地歐洲流傳著這樣的傳說：只要偷偷吞下 5 瓣紫丁香，不被任何人發現，就能得到永恆的愛，幸福一生。話說回來，紫丁香連葉子都有幾分像心形呢。有些生長於山地的丁香，開的也是紫色的花，所以又稱為紫丁香花，在北海道廣泛種植。另外還有花色有幾分相像，被當作庭木栽培的醉魚草。

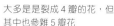

大多是是裂成 4 瓣的花，但其中也參雜 5 瓣花

也有開白花的品種。日本產的暴馬丁香也是開白花

找到「幸運紫丁香」的機率要比幸運酢漿草高喔

背面

紫丁香↑
葉子是三角形～心形。葉長 4～10cm

（80%）

葉緣呈細小的鋸齒狀。有寬葉也有細葉

背面密生著白毛

（80%）

醉魚草↓→

玄參科醉魚草屬的灌木。據說原產於中國，被當作庭木種植。紫色和白色的花朵垂著長長的穗狀花序。葉長 8～17cm。

長著類似小葉的東西

流蘇樹

木樨科流蘇樹屬

英語名：Fringe tree

別名：牛筋條　相似的樹：白流蘇、暴馬丁香、柿樹（P.131）

花曆 ▶ 1 2 3 4 5 6 7 8 9 10 11 12　出現處 街中 ★　野山 ★

喬木

5～20m

公園、庭院、山地

野生 人工栽培

不分裂葉

葉緣平滑

對生

落葉樹

四月雪猶如樹枝厚厚積雪

　　又稱為流疏樹、牛筋子、茶葉樹、四月雪等等，這是因為在開花的時節，其花瓣為撕裂細長，就像古代服飾上的流蘇一般，因而得名。而流蘇花通常是白色，所以遠看時，會誤以為樹枝上有積雪，因此又稱為「雪之花」。花朵看起來很搶眼，但只看葉子的話，變異很多，包括圓葉、細葉、葉緣呈鋸齒狀等，想要一一辨識清楚並不容易。流蘇樹是生長在低海拔的落葉性植物，因樹形茂密翠綠，可抗空污，可說是很好的庭園觀賞植物。

到了 4 月會開出大量花瓣細長的白花

開花時，整棵樹像是雪花堆積，顯得一片雪白，非常美麗

果實成熟時轉為黑紫色。葉子是小型葉，整體的感覺和日本女貞有點相似

葉尖一般是圓的

（80%）

大型葉像柿樹一樣是卵形，差異在於葉柄更長

幼齡樹的葉子大多葉緣呈鋸齒狀

葉長 4～12cm。形狀的變異很多。

幼齡樹的葉子（80%）

那是什麼樹？

?

背面有細毛沿著葉脈生長

對生葉是重要的特徵

121

四照花

山茱萸科山茱萸屬

英語名：Japanese dogwood

主要種類：四照花、香港四照花　　相似的樹：大花四照花（右）、燈台樹（P.132）

花實 ▶ 1 2 3 4 5 6 7 8 9 10 11 12　出現處 街中 ★★　野山 ★

小喬木

庭院、公園、行道樹、山地、雜木林

3～10m

野生　人工栽培

看起來像花瓣的白色總苞片的前端尖尖的。圓圈內的才是真正的花

看起來就像和尚的頭上開花

　　四照花在梅雨季節開花，白色的花朵讓人難忘。4片白色花瓣就像頭巾，而中央的頭狀花序就像一個光頭？把它的外型比擬成在山裡修行的僧人（山法師），正是它的名稱由來。不過，仔細看看這顆光頭，上面開滿了小花。其實這些小花才是真正的花，周圍的白色4大片，是從葉子轉變而成的苞片。葉片渾圓，圓弧狀的葉脈伸得很長。它在這幾年成為很受歡迎的庭園植栽，另外，外型和它很相似、原產於香港四照花，也有不少人種植。

當作行道樹的四照花。樹形近似大花四照花和燈台樹

樹皮呈鱗片狀剝落，顯得模樣斑駁

（實物尺寸）

邊緣沒有波浪

果實的直徑 1～3cm，有甜味，可以食用

（實物尺寸）

四照花 ↓
日本原生的落葉樹。葉長 5～10cm

背面葉脈的分歧點有少許黑毛

邊緣是不甚明顯的波浪狀

葉片稍微厚實，帶有光澤

←↑香港四照花
又稱為常綠山法師。原產於中國的常綠小喬木。葉長 5～10cm，比四照花細一點

大花四照花

山茱萸科山茱萸屬
英語名：Flowering dogwood

別名：大花山茱萸　相似的樹：四照花（左）、山茱萸

花實 ▶ 1 2 3 4 5 6 7 8 9 10 11 12　出現處 街中 ★★★ 野山

小喬木　庭院、行道樹、公園（原產於北美）

3～8m　野生 人工栽培

不分裂葉

葉緣平滑

對生

落葉樹

不論是樹還是歌，在平成年代都曾風靡一時！

　　走在日本的街道上，可以輕易的看到開滿白色、粉色、淡綠色的大花四照花。葉片形狀渾圓，變色後的紅葉和果實都很漂亮。不過大花四照花從進入平成時代後變得特別受歡迎，不論是庭木、行道樹、紀念樹，它出場的機會都很多，甚至現在已經堂堂打入日本行道樹的十大排行榜，而且排名高居第四名。原產於北美洲的東部，喜歡濕潤且光線良好或是半陰的環境。大花四照花不僅可觀花，變紅的葉子也是非常最受歡迎的庭院花木之一。他的果實是核果，大約 2-10 個聚生，果實成熟後呈現明亮的鮮紅色，很受鳥類歡迎。

① 銀杏　⑥ 樟樹
② 櫻花類　⑦ 合花楸
③ 櫸樹　⑧ 日本產楓樹
④ 大花四照花　⑨ 北美楓香樹
⑤ 三角槭　⑩ 鐵冬青

行道樹數量排行榜
（根據 2016 年日本國土交通省的數據）

花瓣（總苞片）的前端凹陷

圓圈內是秋天成熟的果實。長約 1cm，生長得很密集。無法食用

葉子變紅的行道樹

樹皮有細細的龜裂紋

（實物尺寸）

圓弧形的葉脈伸得很長

葉尖伸得很長

葉脈的分歧點長著泛黑的毛，形成三角形模樣

↑ **大花四照花**
葉子比四照花稍大，長度 8～15cm

背面偏白

背面（80%）

←↑ **山茱萸**
原產於中國的庭木。同屬於山茱萸屬，差異在於開黃花，而且開花季是早春。葉長 4～12cm

蠟梅

別名：臘梅　相似的樹：長葉美國蠟梅、夏蠟梅

花 ▶ 1 2 3 4 5 6 7 8 9 10 11 12　出現處 街中 ★★　野山
實 ▶ 1 2 3 4 5 6 7 8 9 10 11 12

灌木

2～4m

庭院、公園
（原產於中
國）

野生　人工栽培

味道芬芳迷人。看起來像個咖啡色小袋子的是果實

不跟著一起湊熱鬧，獨自在寒冬綻放的花

　　說到在冬天開花的代表性花卉，首推由梅花、水仙、茶梅、蠟梅組成的「雪中四友」。蠟梅的名稱源自它從年底開始綻放的半透明黃花，看起來像是用蠟所製成，而且剛好和梅花在同一時期開花。或許有人會忍不住擔心，冬天開花的話沒辦法吸引昆蟲前來，但請各位儘管放心。蒼蠅和花虻的耐寒程度其實超乎想像，對冬天開花的花兒們而言，它們是非常重要的兩大授粉者（運送花粉的生物）。春天的花多，昆蟲也多，可說是「花多蟲雜」的季節，反而是冬天較為安靜清閒，不論花還是蟲都更加舒適自在吧？蠟梅的葉子算是比較大型，質地粗糙。

春天太擠了，沒有蟲會注意到我

而且冬天也沒有肉食性的蟲會來

蠟梅花的中央部分原本是暗紅色

（80％）

樹形到了秋天會轉為金黃，非常美麗

葉長 8～20cm，枝端的葉子很大

花的中央部分也是黃色的品種稱為素心蠟梅。這種品種更為常見。照片中有蒼蠅正來拜訪

質地明顯粗糙

背面
（80％）

結出幼果的樹枝，果實不能食用，種子有毒

海州常山

唇形科海州常山屬
英語名：Peanut butter tree

小喬木　草叢、路旁、雜木林、山地

2～7m

野生　人工栽培

相似的樹：紫花泡桐（P.190）、沼生櫟（P.192）、臭牡丹、梓樹

花 ▶ 1 2 3 4 5 6 7 8 9 　　　出現處 街中 ★ 野山 ★★

不分裂葉
邊緣有鋸齒　邊緣平滑
對生
落葉樹

說到葉子的味道嘛…到底是臭味，還是花生醬的味道？

　　把它的葉子搓一搓再湊到鼻子聞一聞，大部分的人都會皺起鼻子說「好臭！」，因此得到了臭木之名。有趣的是，差不多每 3 個人中會有 1 個人的反應剛好相反，覺得「這味道很香」，所以英語也把這種樹稱為「花生醬樹」，因為有人覺得味道聞起來像花生醬。有人甚至把嫩葉汆燙後食用。它們常常出現在路旁茂密的草叢和樹林周圍，下次經過時請記得找找看。葉片的形狀是圓圓的三角形，體型很大；盛夏時開的白花和秋天時結出的紅色星形果實都很引人注意。

白色的花散發著怡人的香味，雄蕊和雌蕊都伸得很長

很多人覺得葉子搓一搓會散發臭味。葉長 10 ～ 20cm

葉柄和葉片背面長有很多絨毛

（60%）

背面（40%）

海州常山的幼齡樹。高度約及我們的腳邊

成齡樹的葉緣沒有鋸齒，但幼齡樹的葉子有

花萼會變成紅色，從正中央結出黑青色的果實

125

天使喇叭

茄科木曼陀羅屬
英語名：Angel's-trumpets

主要種類：大花曼陀羅、黃花曼陀羅　　別名：白花曼陀羅、dutara

花▶ 1 2 3 4 5 6 7 8 9 10 11 12　出現處 街中 ★★　野山 ★
葉▶ 1 2 3 4 5 6 7 8 9 10 11 12

灌木　　庭院、公園、路旁（原產於南美）

1～4m　　野生　人工栽培

這片葉子是葉緣沒有鋸齒的大花曼陀羅

歡迎來到天國…

天使的喇叭其實是危險誘惑的化身

　　有如喇叭的巨大花朵大量垂下的姿態相當引人注目，也和「天使的喇叭」這個名稱非常相配。問題是這個天使，可能會讓人提早前往天國報到。因為天使的喇叭全株有毒，若是不慎誤食，會造成瞳孔放大、暈眩，引發幻覺和嘔吐等症狀。它的根部和牛蒡、花苞和果實與秋葵很容易被搞混，以前也曾發生誤食而住院的意外事故。它的品種繁多，花的顏色和葉形的變異很多，最明顯的特徵是淺色的大型葉。

（80%）

葉子的顏色淺得和草一樣，長度10～30cm。有些品種有毛，也有些品種沒有

也有邊緣呈鋸齒狀的品種（黃花曼陀羅）

背面
（33%）

花有白色、橘色、粉紅色等，也有野化的個體

花與花苞（右）。花的長度和直徑甚至可達到30cm

它是常綠樹，但到了冬天還是會枯萎

厚朴

木蘭科木蘭屬

英語名：Japanese bigleaf mangnolia

日文別名：朴柏、包之木　相似的樹：日本七葉樹（P.199）、天女木蘭、多花泡花樹

花實 ▶ 1 2 3 4 5 6 7 8 9 10 11 12　出現處 街中 ★　野山 ★★

喬木

7～25m

山地、雜木林、公園、庭院

野生 人工栽培

不分裂葉

葉緣平滑

互生

落葉樹

巨大的樹葉可當作保鮮膜和碗的替代品

　　厚朴是著名中藥材，葉子可說是最大等級。長度超過 40cm 的巨大葉片，多集中生長在枝端。在以前沒有保鮮膜和鋁箔紙的年代，大家時常用它的葉子包裝食物，據說這也是它會被稱為「包之木」的理由。厚朴的葉子含有殺菌成分，用它的葉子裹住米飯、魚肉、蔬菜、味噌所製作的朴葉壽司、朴葉燒、朴葉麻糬等鄉土料理，目前仍在山村地區流傳。七葉樹和多花泡泡樹的葉子與厚朴相似，差異在於葉子邊緣有缺刻。

白色的花朵也是最大等級。直徑 20cm 左右

愈往前葉幅就愈寬的形狀

（40%）

大片的葉子很引人注目。灰色的樹皮不會裂開

果實是常 10～15cm 的聚合果。裡面藏著朱紅色的種子

背面的顏色偏白

長野縣的朴葉壽司

127

紫玉蘭

木蘭科木蘭屬
英語名：Lily magnolia

 喬木～灌木

 庭院、公園、寺廟、行道樹（原產於中國）

主要種類：紫玉蘭、白玉蘭、二喬玉蘭　　相似的樹：日本辛夷、泡泡樹

花實▶ 1 2 3 4 5 6 7 8 9 10 11 12　　出現處 街中 ★★　　野山

2～15m

野生 人工栽培

 不分裂葉

 葉緣平滑

互生

 落葉樹

葉緣大多呈
波浪紋

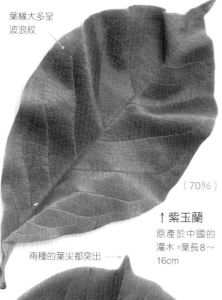

（70％）

↑紫玉蘭
原產於中國的
灌木。葉長8～
16cm

兩種的葉尖都突出

阿里山的一抹紫焰

在櫻花季前後，常被種植在庭園裡，花朵與鬱金香相似的紫玉蘭也開花了。開的花有紫色和白色。開紫花的灌木稱為紫玉蘭，開白花的喬木稱為白玉蘭。兩種都是葉子朝葉尖逐漸變寬的形狀，不過，另外還有以這兩種雜交後培育的二喬玉蘭等許多品種，全部都通稱為紫玉蘭。花芽被一層絨毛覆蓋，看起來很醒目，有時校園或公園可以偶遇，但在台灣其實並不算普遍。

（70％）

盛開的白玉蘭

紫玉蘭的花和嫩葉

←↑白玉蘭
原產於中國的喬木。共有
9片花瓣，下面不會長葉
子。葉長 10～18cm

葉邊幾乎
沒有波浪

白玉蘭的果實。紫玉蘭和日本辛夷的果實很相似。花芽
被絨毛覆蓋，體型比紫玉蘭和日本辛夷的大

日本辛夷

英語名：kobus mangnolia

木蘭科木蘭屬

喬木～灌木

公園、行道樹、庭院、雜木林、山地、濕地

1.5～15m

野生 人工栽培

不分裂葉

葉緣平滑

互生

落葉樹

主要種類：日本辛夷、柳葉木蘭（別名是匀辛夷）、星花木蘭　相似的樹：紫玉蘭（左）
花實▶ 1 2 3 4 5 6 7 8 9 10 11 12　出現處　街中 ★★　野山 ★★

看起來就像一顆握緊的拳頭？奇妙的果實

　　原本在台灣十分罕見，但後來經過園藝花卉引種，現在栽植成園藝觀賞花木，在。日本辛夷的日文發音與拳頭意思相同，據說名稱源自即將開花的花苞與拳頭的形狀相似，但也有人認為是形狀奇特的果實，看起來就像一顆握緊的拳頭。樹枝和樹皮受損時會散發香味，是木蘭科的樹木的共同特徵，尤其是柳葉木蘭，若是咬下它的樹枝，會感覺到一股有如薄荷的清爽香氣，這也是它在日文被稱為囓柴（原本是枝，後來改為柴）的由來。

行道樹的辛夷

日本辛夷的花有 6 片花瓣，下面會長葉子，但柳葉木蘭不會長

日本辛夷的果實。裂開後，會露出牽絲的朱紅色種子

辛夷的樹皮。此族群的樹皮都是質地平滑，顏色偏白

葉子是愈往前變得愈寬的形狀，佈滿明顯的小皺褶

↓日本辛夷
分布在北海道～九州。
葉長 7～17cm

（70%）

木蘭科的特徵之一是長著葉子的枝，都有環狀的托葉痕

（實物尺寸）

花芽

背面

柳葉木蘭→
生長在山地的喬木～灌木。偶爾有人種植。葉子比日本辛夷細，長度6～12cm

樹枝咬起來有薄荷味

（70%）

圓圓的葉尖有些凹陷

↑星花木蘭→
生長在東海地方的溼地，灌木。在各地都被當作庭木種植。花瓣以白色和粉紅色居多。也稱為姬辛夷。葉長 5～10cm

（70%）

假枇杷

桑科榕屬
英語名：Ficus

別名：牛乳榕、天仙果、牛乳房　相似的樹：天使喇叭（P.126）

花實 ▶ 1 2 3 4 5 6 7 8 9 10 11 12　出現處 街中 ★　野山 ★★

灌木
2～7m

海邊的樹林、雜木林、草叢、路旁

野生　人工栽培

黑色的是成熟的果實。有些果實裡面住著榕果小蜂

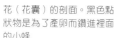
花（花囊）的剖面。黑色點狀物是為了產卵而鑽進裡面的小蜂

果實（果囊）的剖面。形狀和無花果有些相似，帶有少許甜味

果實的形狀像無花果
連蜜蜂也鑽入其中

　　它的名稱雖然有枇杷兩字，其實比較接近無花果（P.182）族群，特徵是花藏在果實（看起來像個袋子）裡面，從外面看不到。假枇杷的另一大特色是有無數的榕果小蜂鑽進果實之中，並在裡面產卵。幼蟲在果實裡長為成蟲，離開果實時，身上會沾附花粉，再進入下一顆假枇杷以幫助授粉。假枇杷與榕果小蜂的關係，算是自然界標準的共生。所以，假枇杷看似一整年都在結果，其實很多時候都是花苞和花，果實成熟的季節是夏秋之間。葉子是大型葉，形狀獨特。

榕果小蜂的成蟲

謝謝你給我一個家和食物！

花粉

雄花

幼蟲

謝謝你幫我傳播花粉！

（70%）

背面（70%）

折斷葉子或掰開果實會流出白色汁液，所以又名「牛乳榕」或「牛奶榕」。

葉子獨特的輪廓是一大特徵。葉長 10～20cm

偶爾有些樹會長出細葉，稱為細葉假枇杷

柿樹

柿樹科柿樹屬
英語名：Persimmon

別名：甜柿　相似的樹：白木烏桕（P.141）、大花四照花（P.123）

花實 ▶ 1 2 3 4 5 6 7 8 9 10 11 12　出現處 街中 ★★　野山 ★★

小喬木

庭院、田地、近郊的樹林（原產於中國）

不分裂葉

4～12m

野生 人工栽培

葉緣平滑

互生

落葉樹

相傳「從柿子樹掉下來就會死」的理由是什麼？

　　柿子樹是極具代表性的果樹之一，品種雖然高達 200 種以上，但是果實可食用的其實只有四種，分別是豆柿、油柿、東方柿、美洲柿。臺灣約有 12 種以上，其中的柿子樹更是台灣非常重要的經濟果樹。有民間流傳著「從柿子樹掉下來就會死」的說法。理由是柿子樹的樹枝容易折斷，爬上去很危險，所以也請各位要特別小心。柿子的果實也深受鳥類和熊所喜愛，所以在山上也看得到被它們帶到山裡的籽，後來發芽成長的野生樹種（稱為山柿）。柿葉是大大的卵形，樹皮會裂成龜甲狀，是很容易辨識的樹木。

晚秋時節，樹上還留著果實的柿子樹。淡黃色的花朵在春天綻放（P.21）

柿子有各種不同形狀，果實甜的稱為甜柿，澀的稱為澀柿

裂成龜甲狀的樹皮也是極具辨識度的特徵之一

你這個壞孩子!!

掉下來就沒命了…

禁爬柿子!!

背面（40%）

（70%）

背面的毛（200%）
葉柄和沿著葉脈之處長了很多毛

表面的光澤很強，帶有少許皺褶。葉長 7～15cm

葉緣平滑

互生

落葉樹

燈台樹

山茱萸科山茱萸屬
英語名：Wedding cake tree

喬木

雜木林、山地、公園

7～20m

主要種類：燈台樹、梜木　相似的樹：大花四照花（P.123）、朱紅水木

花實▶ 1 2 3 4 5 6 7 8 9 10 11 12 　出現處 街中 ★ 野山 ★★

野生 人工栽培

開花的燈台樹。樹形的特徵是枝葉呈水平伸展

形狀像結婚蛋糕的樹

　　燈台樹又有水木之稱，這個名稱來自在春天切開它的樹枝，會流出水狀的樹液。有趣的是，英文稱這種樹為「結婚蛋糕樹」。燈台樹的樹枝長得一層又一層，而且還開著白花，看起來就像結婚典禮上的多層蛋糕，外觀極具辨識度，從遠處就能辨別，葉子是明顯渾圓的互生葉，長長的葉脈很顯眼，梜木的外型與其相似，差異在於它是對生葉。每年3-5月是其花期。

果實成熟時從紫色轉為黑色。樹葉多集中在枝端

擠上白色奶油的多層結婚蛋糕

從樹幹切口流出的樹液，有時候會發酵成橘色（樹液酵母）

樹皮顏色偏白，縱向淺裂

帶有弧度的葉脈伸得很長

（70%）

（20%）

←燈台樹
大多生長在東日本的低地。但也分布在西日本的山地。葉互生，長度 8～15cm

葉子比燈台樹的稍微細一點

←↑梜木
葉對生，長度 8～17cm

臭常山

芸香科臭常山屬
英語名：East Asian orixa

灌木

沿著谷地之處、多岩石的地帶、山地、雜木林

1～4m

野生　人工栽培

不分裂葉

葉緣平滑

互生

落葉樹

相似的樹：日本辛夷（P.129）、白木烏桕（P.141）

花實 ▶ 1 2 3 4 5 6 7 8 9 10 11 12　出現處 街中　野山 ★★

葉子的排列方式是
右右・左左・右右

　　臭常山的外型並不起眼，大多沿著谷地生長在樹林內和多岩石的地方，但它具備一項很稀奇的特徵。它的葉片排列方式是右右・左左・右右，也就是枝條的左右各長兩片葉子。這種排列方式稱為臭常山型葉序。屬於這種葉序的植物不多，大概還有紫薇（P.137）、天竺桂（P.153）。如果將葉子搓揉後，會散發輕微的臭味。除了葉序，再搭配臭味這個特徵，確實不難辨識。順帶一提，美麗的烏鴉鳳蝶的幼蟲，很喜歡食用它的葉子，台灣山區經常可見。

關東地區尤其常見，只要走進潮濕的森林，看到的機率很高

葉子是愈靠近前端就變得愈寬的形狀

烏鴉鳳蝶來到這棵樹產卵

開的是黃綠色的小花

帶有強烈的光澤，葉脈凹陷，看起來很明顯。搓一搓葉子會聞到類似橘子的味道

背面

果實會分成 3～4 個。果實成熟後會裂開，露出黑色的種子

（60%）

133

黃櫨

漆樹科黃櫨屬
英語名：Smoke tree

灌木

庭院、公園
（原產於歐洲
和中國）

1 ～ 5m

野生　人工栽培

別名：煙樹、紅葉樹　相似的樹：燈台樹（P.132）

花 實 ▶ 1 2 3 4 5 6 7 8 9 10 11 12　出現處 街中 ★★　野山

在煙霧之中找得到幾個 3mm 左右的幼果

煙是粉紅色的品種，只有雌
株會冒煙

奶油色的小花並不顯目，也
有葉子是紫色的品種

看起來像冒煙的樹

　　最近出現了一種庭園樹木，看起來很像樹上冒著煙，它的名稱正叫做煙霧樹。英語則稱為 Smoke tree。它的「煙」到底是花？還是果實？答案是花開後馬上伸長的花梗，看起來像輕飄飄的羽毛。其實這些煙霧之中到處分布著小顆的果實，成熟後會隨著風一起飛散。看到這裡，各位心中的疑問，是否都得到解答了？葉子的前端渾圓，大多集中長在枝端。畢竟它是漆樹科的植物，如果不小心接觸到樹液，有可能引起搔癢喔！

（80％）

葉尖的形
狀圓圓的

葉長
5 ～ 13cm

真是壯觀的
煙樹啊

背面
（80％）

側脈已接近
直角的角度
伸出

畢竟漆樹科是以美麗的變
色葉聞名，在秋天變色的
葉子果然很漂亮

紫荊

豆科紫荊屬

英語名：Cinese redbud

主要種類：紫荊、加拿大紫荊　別名：蘇芬花　相似的樹：雙花木

花寶 ▶ 1 2 3 **4 5** 6 7 8 9 10 11 12　出現處 **街中** ★★　野山

灌木

2～5m

庭院、公園
（原產於中國）

野生　人工栽培

不分裂葉

葉緣平滑

互生

落葉樹

在最接近心形的比賽中最具冠軍相的葉子

　　如果舉辦一場「葉子最接近心形的樹木」比賽，我相信紫荊一定很有機會奪下冠軍寶座。它的葉形明顯渾圓，形狀整齊，幾乎是完美的心形，春天開的花非常吸睛，是歷史悠久的庭院樹木，可以與之對抗的大概只有少見的雙花木吧！鮮紅美麗的變色葉也是一大看頭。不過，連香樹（P.103）、椴樹（P.44）也是不可小覷的對手。另外也不能忘了近幾年愈來愈受到歡迎的心葉桉（尤加利）。它的形狀是倒心形，看起來獨具一格。

結果的形狀具備豆科植物的特徵，秋天成熟時轉為茶色。變色葉是黃色

開花期的樹形，在葉子長出前花先開

花朵是鮮艷的紫色紅～粉紅色。多數密生於枝頭，一起開花

葉柄的兩端稍微鼓起來

（80%）

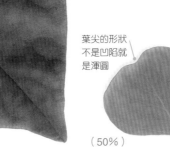

紫荊↑
葉長 6～13cm

雙花木→

金縷梅科的灌木。分布在中部地方～中國地方。偶爾被當作庭木。開紅花，所以別名為紅滿作。葉長 6～12cm

變色葉（40%）

葉尖的形狀不是凹陷就是渾圓

（50%）

←心葉桉

別名心葉尤加利。原產於澳洲的桃金孃科的常綠小喬木。時而被當作庭木或盆栽（P.148）

烏桕

大戟科烏 屬

英語名：Chinese tallow

相似的樹：紫丁香（P.120）、紫荊（P.135）

花實 ▶ 1 2 3 4 5 6 7 8 9 10 11 12　出現處 街中 ★★　野山 ★

喬木

5～15m

行道樹、公園、庭院、日光充足的野山（原產於中國）

野生　人工栽培

花朵是黃綠色，長長的花房看起來像毛毛蟲

葉子變紅，呈現四季的不同

烏桕的葉子變色時，顏色非常美麗，在氣候溫暖的西日本時有種植。葉子是獨特的菱形，到了秋天，整棵樹會轉為紫～紅～橘～黃的漸層色，而且一片葉子變色時會出現兩種顏色，看起來色彩繽紛。它和另一種在同樣以變色葉聞名的木蠟樹（P.225）分屬不同科屬，不過卻有幾個共通點。包括可以提煉出蠟質、變色葉很漂亮、葉片撕開會流出白色汁液。即使皮膚接觸烏 的樹液，通常也不會發腫，但它的種子有毒，連鹿也知道不能吃。

果實成熟會裂成3個，露出被白蠟包裹的種子，即使到了冬天也不會掉，看起來像白色的花朵。如果點火會燒得很厲害

葉子變色的行道樹，樹皮縱裂

鯨魚油

烏桕和木臘樹的果實

以前的蠟燭，原料都是來自動植物。現在以石蠟為主

蜜蠟

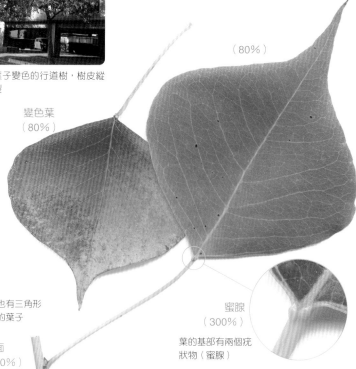

（80%）

變色葉（80%）

也有三角形的葉子

背面（40%）

蜜腺（300%）

葉的基部有兩個疣狀物（蜜腺）

紫薇

千屈菜科紫薇屬
英語名：Crape myrtle

小喬木

庭院、公園、行道樹、寺廟（原產於中國）

主要種類：百日紅、九芎　別名：癢癢樹

花實 ▶ 1 2 3 4 5 6 7 8 9 10 11 12　出現處 街中 ★★　野山

2～8m

野生　人工栽培

不分裂葉

葉緣平滑

互生

落葉樹

樹幹的質地光滑，連猴子也會滑下去？

說到命名的創意，猿滑這個日文名稱堪稱頂尖。以連猿猴爬上下也滑下來的誇飾法，充分展現出樹幹光滑的特色。雖然猴子不會沒事爬上去，但是這個名稱只要聽過一次就記起來，實在值得稱讚。但是要注意的是，有些地方也以「猿滑」稱呼樹幹同樣光滑的夏山茶（P.66）和髭脈愷葉樹（P.35）。也就是一種名稱有好幾種樹共用，很容易讓人搞混。紫薇的葉子偏小，形狀渾圓，有互生葉也有對生葉，所以辨識時請務必仔細確認葉子的排列方式。

開花期的紫薇。樹幹帶有橘色，容易彎曲

爬上去對我來說是小事一樁啦！

（實物尺寸）

葉長3～6cm。幾乎沒有葉柄

葉子的前端不是有點凹陷，就是有點尖。葉形與其相似的九芎，葉子更大一些，葉尖也更尖

粉紅色和白色的花期很長，大約可維持百日，所以又名百日紅

樹皮剝裂，顯得模樣斑駁，愈老的樹愈禿

茶色的圓形果實成熟後裂成6個，長時間留在枝條上

也有對生葉

結香

瑞香科結香屬
英語名：Orienetal paperbush

灌木　庭院、公園、杉木林、田地（原產於中國）

1～2m

野生　人工栽培

相似的樹：瑞香（P.163）、杜鵑花（P.145～146）、山雞椒

花期▶1 2 3 4 5 6 7 8 9 10 11 12　出現處 街中 ★★　野山 ★

不分裂葉
葉緣平滑
互生
落葉樹

信用卡我倒是很多張……

無現金時代

兩面長有少許有如絲絹的毛

背面（實物尺寸）

呈圓弧形伸展的葉脈（側脈）很明顯

葉長 8～20cm

（實物尺寸）

每個日本人的錢包裡至少都有一張……

　　屬於落葉灌木，開黃色花朵，約40-50朵聚成頭狀花序，有著非常濃郁的芬芳，所以名為結香。適合種植於庭前，也常見於路旁，也些人也會以盆栽來栽種。

　　另外，在日本，這種樹的纖維，就是用來製作鈔票的材料。樹皮纖維強韌的結香、構樹（P.170）、彥皮不僅可用來製作鈔票，也是最主要的和紙原料，而結香從以前就一直被栽培在柳杉林等處，它會在春天綻放美麗的球狀花朵，所以也被種植在庭院。夏～冬也會結出大型的花芽，相當引人注目。葉色淺，形狀細長，而且葉片大多集中長在枝端。

朝橫向發展的樹形，樹枝不容易折斷。樹液具有毒性

也有開紅花的紅花結香

花一般是黃色，往下聚集成球狀開花

枝幹分成三叉，在枝端會長出大型的花芽

菝葜

菝葜科菝葜屬
英語名：China root

 藤本植物

 草叢、路旁、雜木林、山地

別名：山歸來、金剛藤　相似的樹：牛尾菜、山何首烏、野薔薇（P.209）

花實 1 2 3 4 5 6 7 8 9 10 11 12　出現處 街中 ★　野山 ★★★

1 ～ 7m　野生 人工栽培

 不分裂葉

 葉緣平滑

互生

落葉樹

猴子被刺扎到
是什麼心情？

當我們經過草叢的時候，有時候手會被刺扎到，或是衣服被勾到。罪魁禍首很可能就是菝葜。它是一種帶著尖刺和倒鉤的綠色蔓藤。又稱為「猿捕茨」，意思是「抓得到猴子的荊棘（刺）」。看到這裡，相信沒有人想靠近它吧。其實，這也是它的保身之道，因為這樣就不怕被動物吃掉了。不過，在日本會把它的圓葉拿來包柏餅，也把它的新芽當作野菜來吃。由此可見，動物與植物之間的攻防戰，誰輸誰贏還很難說呢。

富有光澤的葉片極具特徵性，嫩葉常參雜著咖啡色斑塊（右下）

花是黃綠色，嫩芽汆燙去除澀味後，可以食用

紅色的果實聚集在一起，雖然可以食用，但味道很酸澀

背面
（實物尺寸）

背面顏色較淺

葉長
4 ～ 12cm

用菝葜葉包的柏餅

（70%）

從葉片基部長出兩條捲鬚

蔓藤的顏色綠中帶紅，有尖刺。右下長出來的是芽

人也會被抓到

葉片的光澤強烈，3 ～ 5 條的葉脈看起來很明顯

山毛櫸

山毛櫸科山毛櫸屬
英語名：Beech

別名：圓葉水青岡、稜栗（日文別名）　相似的樹：日本山毛櫸（別名藍山毛櫸）、櫸木（P.55）

花|實 ▶ 1 2 3 4 5 6 7 8 9 10 11 12　出現處 街中　野山 ★★

喬木
10～30m

山地
野生　人工栽培

一片雪白的深山裡有許多山毛櫸和水楢

嫩葉，波浪形的葉緣和平行排列的側脈很顯眼

樹皮長著各種地衣和苔蘚，形成白色、黑色、灰色交織的斑駁模樣

波浪形的葉子
長得像洋芋片

　　在宜蘭縣大同鄉海拔約 1600 公尺，有山毛櫸步道，這也是台灣最大面積的山毛櫸純林，在不同的季節，散發出不同的風采。尤其當時序進入秋天，一片金黃耀眼的樹林，在進入步道前，還可以沿路欣賞苔蘚木椿道、紅檜林。山毛櫸因為其模樣斑駁的白色樹幹與扇形的樹形相當美麗，因而被稱為「森林女王」。雖然我們很難在都市近郊與它相遇，不過請各位遙想一下：在有熊與羚羊出沒，人跡罕至的深山，依然保留著大片的山毛櫸原生林。

冬芽細長，形狀尖銳

背面的毛不是很少，就是沒有

大小和一片洋芋片差不多

葉緣呈波浪狀，一點也不尖銳

三角形的果實有點像橡實。果肉不可食用

背面的毛（實物尺寸）

（實物尺寸）

山毛櫸↑
葉長 5 ～ 13cm

日本山毛櫸→
背面有許多長毛沿著葉脈生長

小果珍珠花

杜鵑科珍珠花屬
英語名：Lyonia

小喬木

雜木林、山地、庭院、公園

2〜7m

野生　人工栽培

不分裂葉

日文別名：貧惜、赤芽　相似的樹：山毛櫸（左）、馬醉木（P.80）、白木烏桕
花 夏 ▶ 1 2 3 4 5 6 7 8 9 10 11 12　出現處 街中 ★　野山 ★★

擰成像一塊抹布的樹

　　請各位仔細看看這種樹的樹幹。樹皮縱裂的樹很多，但不知各位是否看得出來，它的裂紋有點被擰過一樣，就像被擰乾的抹布。所以又有捩木之稱（捩是扭轉的意思）。種植的人雖然不多，不過它經常生長在松樹林和乾燥的雜木林，初夏開的白花、秋天的變色葉、冬天染成紅色的枝椏和樹芽都挺有看頭。葉子是卵形葉，葉緣略呈波浪形，葉子是小果珍珠花兩倍大的白木烏桕，葉子變色時會轉為紅色〜黃色，在秋天成為山地的焦點。

變色葉是暗紅色〜橘色

開著一串有如鈴鐺的白花

葉緣大多呈波浪狀，但沒有像山毛櫸那麼明顯

樹皮的裂痕像是稍微被扭過。和馬醉木的樹幹相似

←小果珍珠花
葉長 5 〜 11cm

葉子和與其相似的柿葉（P.131）容易混淆

變色葉（80%）

背面

（實物尺寸）

背面（200%）

←白木烏桕
大戟科，偶爾被當作庭木，葉長 7 〜 17cm。葉的基部一般有兩個小蜜腺▲。樹幹顏色較淺，質地平滑

長出米粒大小的芽

大葉釣樟

樟科山胡椒屬
英語名：Lindera

灌木　雜木林、山地、庭院、公園
1～4m

不分裂葉

葉緣平滑

互生

落葉樹

主要種類：大葉釣樟、膜葉山胡椒、毛黑文字、姬黑文字　相似的樹：大果山胡椒、白葉釣樟

花 實 ▶ 1 2 3 4 5 6 7 8 **9 10 11** 12　出現處 街中 ★　野山 ★★

野生 人工栽培

葉子到了秋天會轉黃，雌株會結出大約 1cm 的黑色果實（P.25）

像是被寫上經文的樹枝，芳香的程度居樹木之冠

大葉釣樟的特徵在它的樹枝。仔細一看綠色的樹枝，看起來像是用黑字寫著經文。若是將樹枝折斷，會聞到一股非常清新宜人的香味。個人認為大葉釣樟是氣味最好聞的樹。樹枝含有香味成分與具備殺菌效果的油脂，可以製成茶喝，也有人製成點心叉。葉子的形狀平整，多集中生長在枝端。大果山胡椒、白葉釣樟的外型與大葉釣樟非常相似，差異在於前兩者的樹枝是茶色，葉片也不會集中在枝端。

長出嫩葉的同時，還會開出黃～黃綠色的小花

枝條和樹幹都是綠色，上面有明顯的黑色紋路（地衣類）

大葉釣樟製成的甜點叉

羊羹

撕開會聞到清爽的香氣

即使是冬天，枯葉也大多會留在樹枝上

（實物尺寸）

枯葉（50%）

泛紅的葉柄偏長

葉柄很短

大果山胡椒 ↑
釣樟屬，大多沿著谷地生長。葉長 5～8cm

白葉釣樟 ↑
釣樟屬，葉長 5～10cm

（50%）

大葉釣樟→
葉長可達 14cm，稱為膜葉釣樟

背面

葉子搓揉後也會散發香氣，但沒有樹枝強烈

綠色的枝條一折會散發好聞的香氣

胡頹子屬（落葉樹）

胡頹子科胡頹子屬
英語名：Silverberry

主要種類：木半夏、小葉胡頹子、大王茱萸　相似的樹：常綠樹的胡頹子（P.155）

花實▶ 1 2 3 4 5 6 7 8 9 10 11 12　出現處 街中 ★★　野山 ★
　　　（ナツグミ）（アキグミ）

灌木

1～5m

庭院、公園、
田地、雜木
林、山地

野生　人工栽培

不分裂葉

葉緣平滑

互生

落葉樹

胡頹子的果實
比軟糖還要好吃

　　分佈在台灣全境中低海拔的山地灌叢中或疏林內。最高可達到 4 公尺左右，它的樹幹多為直立狀，因為數種多達 9 種，所以分辨不易，想要分辨胡頹子最好的方法是就是去看葉背鱗片形狀，比對葉形及葉質。胡頹子，分為果實在夏天成熟的木半夏，以及在秋天成熟的小葉胡頹子。常被當作庭木種植的是木半夏之一，一種名為大王茱萸的品種。正如大王其名，它的果實大得驚人，筆者個人覺得吃起來比小熊軟糖還好吃。胡頹子的葉子背面，密生著鱗狀毛，閃著銀色或金色的光芒。

大王茱萸的果實長 3cm 左右，葉子也大

木半夏的果實在 6～7 月成熟，水嫩多汁，味道甜美

小葉胡頹子的果實在 9～11 月成熟，味道酸澀，比不上小熊軟糖

嫩葉的表面雖然也有鱗狀毛（鱗片），但會逐漸消失。這是大王茱萸的葉子

整片泛著銀光的背面帶著點點金光

↓小葉胡頹子
葉子比木半夏細

（實務尺寸）

背面

木半夏的花。
白色～奶油色

←木半夏
葉長 4～10cm

表面也留著不少鱗狀毛

（實物尺寸）

鱗狀的毛
（300%）

背面是銀色～白色

日本小檗

小檗科小檗屬
英語名：Barberry

灌木

0.5～2m

庭院、圍籬、公園、雜木林、原野、山地

野生 人工栽培

日文別名：目木　相似的樹：大葉目木、蛇不登、枸杞

花實▶ 1 2 3 4 5 6 7 8 9 10 11 12　出現處 街中 ★★　野山 ★★

秋天有紅色的果實低垂，味道不佳，無法食用

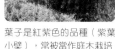
葉子是紅紫色的品種（紫葉小檗），常被當作庭木栽培

春天會開出往下垂的淺黃色小花

小鳥也不停，連蛇也不爬的樹

　　看到「鳥不止」這個日文名稱，一定有人好奇它是什麼意思吧。至於會如此命名的理由，只要仔細瞧瞧它的外型就明白了。它的樹枝長了很多刺，停在上面會被扎得很痛。再加樹枝細弱，小鳥就算想停也站不住。不過，實際上應該還是有些小鳥成功地停在樹枝上，而且吃到果實了吧。日本小檗較為人所知的另一個名稱是目木，葉子偏小，是湯匙形。順帶一提，另一種同屬小檗科的蛇不登則被列入瀕危植物，特徵也是整株有刺。另一種不同科屬，但外型相似的枸杞，枝條上也長滿了刺。

都是刺……
0o。

↓枸杞→
茄科的灌木。分布於北海道～九州。開紫色花，紅色的果實可以食用。葉長 2～6cm

日本小檗→
葉子成束生長，長1～5cm

葉尖的形狀渾圓

葉子的基部有刺

冬天的樹枝長的刺特別明顯。因為樹枝和根部的汁液可以當作眼藥，所以又稱為目木

（實物尺寸）

（實物尺寸）

冬天的樹枝

枸杞的刺

山杜鵑

杜鵑花科杜鵑花屬

英語名：Kaempferi azalea

相似的樹：三葉杜鵑、蓮華杜鵑、絨杜鵑、梅花杜鵑、園藝種杜鵑（P.146）

花實 ▶ 1 2 3 4 5 6 7 8 9 10 11 12　出現處 街中 ★　野山 ★★★

灌木

雜木林、山地、公園、庭院

1〜3m

野生 人工栽培

不分裂葉

葉緣平滑

互生

落葉樹

會讓人誤以為發生火災的鮮紅花朵

　　杜鵑花的種類很多，在台灣最常見的是野生杜鵑和山杜鵑。等到櫻花季告一段落，紅色（正確來說是朱色紅）的花朵便開始在山野各處綻放。雖然聽起來很不真實，但筆者真的聽過，因為花色過於鮮豔，讓遠遠看到群生杜鵑花海的人，誤以為有火災發生，嚇得趕快打 119 報案的意外插曲。山杜鵑的葉子有毛，且集中在枝端生長。在台灣除了平地隨處可見的杜鵑外，屬於台灣特有種的中、高海拔杜鵑，也在此一併介紹。包括玉山杜鵑、紅毛杜鵑、高山杜鵑，而中海拔則有台灣杜鵑、細葉杜鵑以及南澳杜鵑等 6 種。

盛開的山杜鵑。經常生長在松樹林和乾燥的山脊

花朵是朱紅色，直徑約 5cm。約有 5 片葉子長在枝端

果實成熟時轉為茶色，裂開。枝端的小葉片到了冬天仍留著

←蓮華杜鵑
葉片細長，長 5〜10cm

葉片的皺褶很明顯

（60%）

花朵是朱紅色，直徑約 8cm

花是粉紅色～紫紅色

（60%）

←三葉杜鵑
特徵是枝端各長 3 片葉子，有許多種類。葉長 3〜8cm

背面

山杜鵑↓
葉長 1〜5cm。葉的兩面都長有金色毛，質地粗糙。與其相似的絨杜鵑大多長有具黏性的長毛，花朵是粉紅色

（實物尺寸）

背面

杜鵑（園藝種）

杜鵑花科杜鵑花屬
英語名：Azalea

灌木

庭院、公園、
行道樹、圍籬

0.3～2.5m

野生 人工栽培

主要種類：平戶杜鵑、霧島杜鵑（別名久留米杜鵑）、皋月杜鵑、

花實▶ 1 2 3 **4 5 6 7** 8 9 10 11 12　出現處 街中 ★★★　野山 ★

平戶杜鵑的圍籬。圓圈內是代表性品種艷紫杜鵑

替整座城市染上絢麗色彩的花

在台灣約 3 月開始，道路兩旁、校園的花圃都不約而同的被各種園藝種的杜鵑所佔領，顏色包括粉紅色、紅色、白色、朱紅色等。而在日本最具代表性的種類包括中型的霧島杜鵑、小型的皋月杜鵑，而且這兩種杜鵑各自又發展出許多品種，花色各不相同。杜鵑從很久以前便透過各種野生種的雜交以進行品種改良。特徵包括葉子多毛，且集中生長在枝端。平戶杜鵑的葉子有黏性，會黏在衣服上，跟著到處跑。

霧島杜鵑的花圃。花色亮麗的品種很多

霧島杜鵑有很多品種是重瓣花

葉子普遍細長，前端較尖

（實物尺寸）

↑皋月杜鵑→
花朵是朱紅色。也有和他種交配後產生的品種，開粉紅花和白花。葉長 2～3.5cm

（實物尺寸）

有圓葉，也有前端尖的葉子

←霧島杜鵑
由深山霧島杜鵑和山杜鵑（P.145）等雜交後培育而成的園藝品種系列。葉長 1～4cm

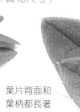

平戶杜鵑↓
由慶良間杜鵑、岸杜鵑、藐杜鵑等雜交後培育而成的品種系列。葉子是明亮的黃綠色，長 4～11cm。花朵是大型花，顏色是粉紅色～白色

葉片背面和葉柄都長著有黏性的毛

（實物尺寸）

檵木

金縷梅科檵木屬
英語名：Chinese fringe flower

主要種類：紅花檵木、白花檵木　相似的樹：日本金縷梅

花寶▶ 1 2 3 4 5 6 7 8 9 10 11 12　出現處 街中 ★★　野山 ★

小喬木

圍籬、庭院、公園、行道樹

2～7m

野生 人工栽培

不分裂葉

葉緣平滑

互生

常綠樹

紅花檵木觀賞價值高，成為園藝植物寵兒

　　檵木的特徵是線形的紅（粉紅）和白色花瓣，是日本最近常被種植的庭園植物。開紅花的紅花檵木原產於中國，不過日本也有些地方有野生的白花檵木。只是數量非常稀少，而且僅限於靜岡縣湖西市、三重縣伊勢市、熊本縣荒尾市，每一處都只有幾十株。為什麼只有這 3 個地方出現野生的白花檵木，至今仍然成謎。
木的葉子是小型葉，長著有如砂粒的毛。同為金縷梅科的日本金縷梅是落葉樹，葉子的體型也大上一圈。

紅花檵木的圍籬，花朵是亮眼的粉紅色

紅花檵木的花。花瓣的形狀有如細長的繩子

白花檵木的花，顏色是白色～奶油色

紅花檵木↓

葉子的形狀歪曲，非左右對稱，長度 2～6cm。

（實物尺寸）

紅花檵木的嫩葉也有不少會變成紅色

背面的顏色偏白，長著茶色的砂粒狀毛（星狀毛）

（70%）

葉緣有粗鋸齒

有毛，質地粗糙

←日本金縷梅↑

金縷梅科金縷梅屬的落葉小喬木。有人當作庭木種植。花朵一般為黃色，在 2～4 月開花。葉長 6～14cm

147

尤加利

桃金孃科桉屬

Eucalypt 英語名：Gum tree

喬木～灌木

庭院、公園（主要原產於澳洲）

2～30m

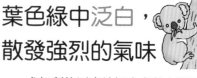

多年生 人工栽培

主要種類：澳洲尤加利、穿葉桉、檸檬尤加利、多花桉、加寧桉

花 實 ▶ 1 2 3 4 5 6 7 8 9 10 11 12　出現處 街中 ★★　野山

（開花和結果的時期各有不同，很難一概而論）

↓加寧桉

喬木。幼齡樹長的是圓葉。別名圓葉尤加利

澳洲尤加利→

喬木。成齡樹的葉子像鐮刀般彎曲，長度 10～25cm

（60％）

（60％）

撕開尤加利的葉子，會聞到強烈的香氣。這些香味成分可當作香水的原料

↓穿葉桉

灌木。幼齡木的葉片兩兩合一，形狀渾圓，莖會「貫穿葉子」。

檸檬尤加利→

喬木。葉片細長，搓揉後會散發檸檬味

（60％）

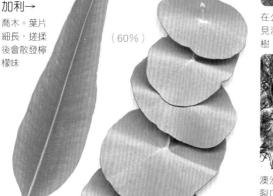

葉色綠中泛白，散發強烈的氣味

尤加利的原產地絕大多數在澳洲，種類超過 500 種，最為人所知的一點是，它是無尾熊唯一的食物。尤加利的成長速度非常快速，被當作重要的造紙原料和燃料，以熱帶地區為主，在全世界各地廣泛被種植。尤加利樹皮掉光後，會留下白嫩嫩的樹幹，非常好辨識，最近也有幾種被當作庭木栽培。尤加利的綠色葉片泛著低調的銀光，散發著強烈的香氣，看起來充滿異國情調。葉形大多細長或渾圓，不過變化很多，在幼齡樹時是對生葉，成長後葉片變成細長的互生葉的情況很常見。

在公園和植物園等不時可見澳洲尤加利。會長成大樹

一種尤加利的果實和花

屬於灌木的多花桉

澳洲尤加利的樹皮縱裂，裂口很長，形成斑駁的模樣

心形桉（P.135）

美麗串錢柳

桃金孃科紅千層屬
英語名：Bottlebrush

灌木～小喬木

庭院、公園（原產地主要是澳洲）

1～5m

野生 人工栽培

不分裂葉

葉緣平滑

互生

常綠樹

主要種類：美麗串錢柳、紅千層、美花紅千層　別名：紅瓶刷子樹　相似的樹：白千層

花▶ 1 2 3 4 5 6 7 8 9 10 11 12
實▶ 1 2 3 4 5 6 7 8 9 10 11 12

出現處　街中 ★★　野山

伺機而動，
靜待火災發生的樹

　　瓶刷樹的名稱來自它的花長得像刷玻璃瓶的刷子。以美麗串錢柳、紅千層、美花紅千層等另外培育出的雜交種很多，想要正確區分很困難。特徵包括葉片細長有香味，葉子的形狀也有點像刷子。果實是有如章魚的吸盤狀，而且會停留在樹枝上長達幾年。原因為何？因為在原產地澳洲的乾燥地帶，容易發生森林大火，而只要遇到火災，果實就會裂開，種子蹦出來。常用來當作庭木種植的瓶刷樹，是不是也正悄悄地等待哪天庭園會有火災發生呢。

撕開葉子會聞到很濃的香氣，類似檸檬

仔細一看會發現四處散落著小小的油點

美麗串錢柳→
葉長 3～10cm，表裡兩面幾乎完全一樣。葉子的幅度、長度、有無長毛等因種類而異

（實物尺寸）

花。紅色的雄蕊伸得很長，看起來像刷子

栽種在庭園的美麗串錢柳的樹形。有些開的是白花

美花紅千層堅硬的果實密集的長在樹枝上，停留的時間多達數年

果實（實物尺寸）
紅千層的果實

（實物尺寸）

白千層↑→
原產於澳洲的白千層屬的樹木總稱。庭木。葉片細，一般長度是1～4cm。花色是白色和粉紅色

柑橘

芸香科柑橘屬
英語名：Citrus

灌木～小喬木
2～6m

庭院、田地、公園（主要原產於亞洲）
野生　人工栽培

主要種類：溫州蜜柑、夏蜜柑、日本柚子、橘柑、金橘、檸檬　　別名：柑橘類

花實 ▶ 1 2 3 4 5 6 7 8 9 10 11 12　　出現處 街中 ★★　野山 ★
（種類によりやや異なる）

溫州蜜柑↓
葉長 6～15cm
（80%）

撕開會有柑橘的香氣

柑橘類的葉緣看起來呈鋸齒狀

（80%）

葉柄稍微平坦

夏蜜柑→
果實的直徑約 10cm，味道偏酸。葉長 5～10cm

（80%）

撕開會有夏蜜柑的香氣

柑橘類的葉柄連接著所謂的翼葉。尤其是日本柚子的翼葉特別寬

撕開會有日本柚子的香氣

日本柚子→
原產於日本或中國。果實的直徑約 6cm，香氣宜人。葉長 6～9cm

柑橘類有不少種類有刺。尤其是日本柚子，刺又多又長

柑橘的香氣來自柑橘的葉子

　　說到台灣冬天水果王，必須得是柑橘了。因為除了有各式各樣的種類外，產量還很豐盛，尤其現在的柑橘吃起來的口感大多甜美多汁，也就成為冬天必吃水果。以市面上的柑橘來說 1-3 月多以茂谷柑最多，桶柑盛產在 2 月，海梨則在 1 月。以地區來說，則幾乎集中苗栗、台中、南投、雲林、嘉義以及台南等中南部。種類上 10-12 月主要以南部所產的青皮椪柑為主，1-2 月則以中部椪柑為主。而夏蜜柑是日本原產，主要分布在山口縣等地。

夏蜜柑到了夏季可以食用。圓圈內是日本柚子的葉子的油點（200%）

溫州蜜柑的花，柑橘類都開白花，氣味芬芳

開始成熟的溫州蜜柑的果實

白新木薑子

樟科新木薑子屬

小喬木

雜木林、神社的樹林、公園、山地

5～15m

野生 人工栽培

相似的樹：樟樹（P.152）、肉桂（P.153）、銳葉新木薑子

花 ▶	1	2	3	4	5	6	7	8	9	10	11	12
實 ▶	1	2	3	4	5	6	7	8	9	10	11	12

出現處 街中 ★ 野山 ★★★

誰叫葉片背面是
白色的嘛

　　白新木薑子的名稱，應該來自葉片的背面長著白色柔毛。它經常生長在近郊的森林，到了秋天會同時開黃花和結出紅色的果實，不過，看起來最顯眼的時候是春天。披覆著金毛的嫩葉接二連三地冒出，垂在枝頭的樣子看起來非常獨特。因為它特殊的模樣，有些地方把它稱為「兔耳」。葉子有 3 條明顯的長葉脈（三出脈），而且大多集中在枝端。有三出脈的葉子，除了樟科，另外還有棗樹和三菱果樹參（P.196）。

紅色的果實直徑約 1cm。不可食用

嫩葉長在伸得很長的枝端，被一層柔軟的毛覆蓋

在秋天同時看到雌株的果實和小小的黃花（P.21）

↓白新木薑子
葉長 8～17cm

撕開會散發清新的香氣

背面泛白

嫩葉像兔子的耳朵

3 條葉脈（三出脈）很明顯

葉柄長著金色的毛

（80%）

葉緣有鋸齒

（80%）

棗↑→
鼠李科的落葉小喬木。原產於中國，時而被當作庭木栽培。果實的味道類似蘋果，可當作漢方藥使用。葉長 3～7cm

明顯的三出脈

不分裂葉

葉緣平滑

互生

常綠樹

樟樹

英語名：Camphor tree

樟科樟屬

喬木

公園、行道樹、
神社、山地

相似的樹：肉桂（右）、白新木薑子（P.151）、銳葉新木薑子

花實 ▶ **1** 2 3 4 5 6 **7** **8** **9** **10** **11** **12**　出現處 街中 ★★★　野山 ★★

7 ～ 30m

野生　人工栽培

蟲菌穴（300%）
裡面住著肉食性蟎蟲。
有人認為這是為了讓它
吃掉草食性的蟎蟲

花苞。
花朵是
奶油色
（P.23）
（90%）

↑ 樟樹
葉長 6 ～ 11cm

3 條葉脈
（三出脈）
很明顯

背面

葉緣呈波浪狀。撕
開葉片會聞到清涼
的樟腦味

撕開葉子會聞
到清新的香味

葉脈的分歧點
有蟲菌穴

月桂樹→

樟科月桂屬的小喬
木。原產於地中海沿
岸，有時被當作庭木
栽培。作為香草植物
使用，可添加於咖哩
等料理。別名桂冠樹

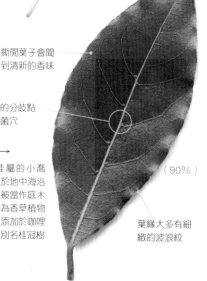

（90%）

葉緣大多有細
緻的波浪紋

雖然可以製成防蟲劑，但葉子卻成為 蟲的棲息處

食草

食肉

原分佈在台灣中低海拔的森林，現在
也被廣植做為觀賞植物以及行道樹。2 月
時會開始換葉，葉子在脫落前會變紅，而
花期在 2-4 月。整棵樹含有樟腦的成分，
從以前就當作衣物的防蟲劑和藥品使用，
在溫暖地區也有人大規模植林。因此在各
地都看得到野化的樟樹。葉子有 3 條伸得
很長的葉脈，在分歧點有一個鼓起處，稱
為「蟲菌穴」。蟲菌穴的入口在葉背，而
蟲便棲息在裡面。還有其他樹也有蟲菌
穴，只是最明顯的莫過於樟樹和月桂樹。

葉子是明亮的綠色，濃密的樹形是樟樹的特徵

果實是黑色，葉子稍微集
中在枝端

樹皮是明亮的茶色，有縱
裂的細細溝紋

肉桂

英語名：Japanese cinnamon

樟科樟屬

主要種類：山肉桂、圓葉肉桂　相似的樹：樟樹（左）、白新木薑子（P.151）

花 實 ▶ 1 2 3 4 5 6 7 8 9 **10 11 12**　出現處 街中 ★　野山 ★★★

小喬木
5～12m

神社樹林、海邊的樹林、庭院、田地
野生　人工栽培

不分裂葉

葉緣平滑

互生

常綠樹

肉桂捲

八橋

帶有甜蜜香氣的肉桂成員

　　撕開肉桂的葉子，一股肉桂的味道和甜甜的香氣立刻撲鼻而來。以根部的皮磨成的粉末，增添了特殊風味，也被當作漢方藥物使用，另外還有生長於蘭嶼天竺桂，但香氣遠不如本島肉桂。這兩種的葉子都有 3 條明顯的葉脈（三出脈），有對生葉也有互生葉。順帶一提，真正的肉桂是從原產於斯里蘭卡的錫蘭肉桂所製成。台灣的肉桂生長在北部及海拔 500 公尺以上的闊葉林中，中部以奧萬大，霧社最多。

天竺桂。葉子幾乎呈等間隔排列在枝條上

天竺桂的花。黃綠色的花看起來並不起眼。果實是紫黑色

天竺桂的樹皮。顏色偏黑，質地平滑

前端不會像日本肉桂伸得那麼長

←天竺桂
主要分布在蘭嶼。
葉長 6～12cm

撕開會聞到微弱的肉桂香氣

（80%）

兩種的葉子大多幾乎都是對生（互生和對生交錯）

伸得長長的葉尖

背面稍微泛白，但沒有白新木薑子明顯

兩種的 3 條葉脈都伸得很長

（80%）

撕開聞得到肉桂的香氣，咀嚼會有甜味

肉桂→
原本栽培於庭院和田地，但最近的數量很少。也有野化的個體。葉長 7～17cm。別名 nikki

153

栲樹

山毛櫸科栲屬

喬木

7～20m

神社樹林、山地、雜木林、公園、庭院

野生 人工栽培

主要種類：長椎栲、長尾栲　相似的樹：藤胡頹子（右邊）、黑櫟（P.77）、日本石櫟（P.167）

花實 ▶ 1 2 3 4 5 6 7 8 9 10 11 12　　出現處 街中 ★　　野山 ★★★

（相似的樹：藤胡頹子（右邊）、黑櫟（P.77）、日本石櫟（P.167））

邊緣有鋸齒
邊緣平滑

互生

常綠樹

盛開的栲樹林。奶油色的花朵垂著長長的穗狀花序

顏色居然是
金色的樹

　　栲樹大概在 5 月前後，山區的森林便會被染上介於奶油色至金色的絢麗色彩。原因是栲樹開花了。台灣的栲樹分佈在南部 300-1500 公尺的恆春山區，包括墾丁、佳洛水等等。栲樹的特徵是葉片背面是金黃色，而且葉緣的形狀不一，有些呈鋸齒狀有些沒有。當我們抬頭望著樹，映入眼簾的便是一片金黃。到了秋天，會有許多栲樹的果實掉落，中間的白色部分帶有類似栗子的甜味，可以生食，以橡實類而言，美味程度堪稱頂級。主要有長椎栲、長尾栲兩種，但也有介於兩者之間的種類。

結果的長椎栲，葉子背面看起來是金色

長椎栲的樹皮縱裂，長尾栲的樹皮不會裂開

葉子比長椎栲稍微細一點

長尾栲的果實渾圓，體型較小

果實

（實物尺寸）

背面是金色

果實

（實物尺寸）

有些葉緣平滑，也有些呈鋸齒狀

長椎栲的果實形狀細長。剝皮的方式和香蕉一樣

長椎栲→
主要分布在關東～沖繩。葉長 6～15cm

背面

←長尾栲
別名為円椎。葉子和果實都偏小型。葉長 5～10cm

樹枝也比長椎栲細

（實物尺寸）

背面是金色。顏色的濃淡因個體而異

胡頹子屬（常綠樹）

胡頹子科胡頹子屬
英語名：Silverberry

灌木～藤本植物
圍籬、庭院、公園、雜木林、山地、神社樹林
1～5m
野生　人工栽培

主要種類：胡頹子、藤胡頹子、圓葉胡頹子　別名：蒲頹子　相似的樹：落葉樹的胡頹子（P.143）
花實▶ 1 2 3 4 5 6 7 8 9 10 11 12　出現處 街中 ★★　野山 ★★

葉子包辦金・銀・白三面獎牌

　　胡頹子的成員有落葉樹也有常綠樹。常綠樹的胡頹子，生長在溫暖地區的森林，秋天開白花，春天結紅色果實。果實雖然可以食用，但是和落葉樹的胡頹子相比，味道又酸又澀，並不美味。主要種類有藤胡頹子、生長在海邊的圓葉胡頹子、多分布在台灣全境的胡頹子3種，有趣的是，把它們的葉子翻到背面，就像金銀銅牌一樣，分別是金、銀、白三色，能夠明顯區分。原因是葉片背面被鱗狀毛所覆蓋，而且樹枝、花、果實的表面也有這種鱗狀毛。

葉緣平滑

互生

常綠樹

結果的藤胡頹子。樹枝長到過界，伸到其他樹上

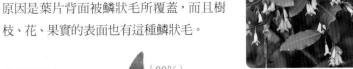

開花的胡頹子

胡頹子的果實。表面有鱗狀的毛（鱗片）

藤胡頹子↓
蔓性灌木。葉長4～10cm

（80%）

金

有斑點的品種 "Gilt Edge" 是圓葉胡頹子和胡頹子的雜交種，被當作庭木種植

銀

白

（80%）

散布著茶色的小點

背面

樹枝是茶紅色

圓葉胡頹子→
葉形渾圓，長5～10cm，又稱大葉胡頹子

背面
（70%）

背面

葉緣呈波浪狀

胡頹子↑
在台灣全境低至中海拔山地灌叢或疏林裡可見，葉長5～9cm。樹枝有刺

不分裂葉

葉緣平滑

互生

常綠樹

全緣葉冬青

冬青科冬青屬
英語名：Mochi tree

相似的樹：鐵冬青（右）、紅淡比（P.160）、蚊母樹（P.158）、日本灰木

花實 ▶ 1 2 3 4 5 6 7 8 9 **10 11 12**　出現處 街中 ★★★ 野山 ★★

小喬木

庭院、公園、
神社樹林、行道
樹、雜木林、
海邊的樹林

3～10m

野生 人工栽培

葉尖鈍圓

全緣葉冬青→
葉長
4～8 cm

請記住我
的臉喔

（實物尺寸）

兩面都一片光
滑，幾乎看不
到側脈。也沒
有毛

背面
（實物尺寸）

從幼齡樹和樹枝切
斷之處再長出來的
葉子，葉緣大多呈
鋸齒狀

有時也會出現沒
有鋸齒的葉子

背面

葉緣通常
有鋸齒

（實物尺寸）

兩面都稍微
看得到側脈

←日本灰木
大多分布在中國地方、四
國、九州的樹林。外型與全
緣葉冬青相似，差異在
於果實是黑色（P.25），樹
皮顏色也偏黑。花是白色
（P.22）

長得像無臉怪的葉子

　　大多數的葉子，不論從正面還是背面
都看得到葉脈，但全緣葉冬青最大的特徵
是幾乎看不到。葉脈之於樹，好比人的血
管和指紋，能夠展分展現葉子的特質。但
是從全緣葉冬青的葉子卻看不到一絲訊
息，簡直就像日本妖怪中的無臉怪。盛花
期在 3～4 月間，秋冬之際會結出紅色果
實，它的樹皮會分泌出黏液，可以用來誘
捕小鳥。而在台灣，主要分佈在東南部，
是濱海地區的常綠喬灌木。特別在沿海地
段，全緣葉冬青可說是抗海風、霧霾的最
佳樹種。

種植在庭院的全緣葉冬青

花的顏色是淺黃色（雄花）

雌株到了秋天會結出彈珠
大小的紅色果實

樹皮的顏色偏白，質地平
滑，不會裂開

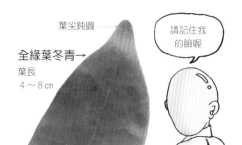

鐵冬青

相似的樹：全緣葉冬青（左）、刻脈冬青、冬青（P.77）、女貞（P.113）

花實 ▶ 1 2 3 4 5 6 7 8 9 10 11 12　出現處 街中 ★★★ 野山 ★★

小喬木

庭院、行道樹、公園、神社樹林、海邊的樹林、雜木林、山地

3～15m

野生 人工栽培

不分裂葉

葉緣平滑

互生

常綠樹

觀賞價值高的樹種

　　鐵冬青屬於常綠喬木，主要分佈在熱帶及亞熱帶地區。在台灣則以中低海拔山區分布較廣。它是台灣原產的冬青屬植物中，分佈海拔最低的一種，也因此在一般的市區郊山，如果稍加留意，就很容易看到它的蹤跡。成熟的樹皮會呈現灰褐色，嫩枝則如同鐵一般為深褐色，所以又有「鐵」的稱號。葉子是互生的長卵形，葉面光滑，葉的邊緣呈現波浪狀，每年的3～4月是換葉期，老葉脫落後同時會在新枝處長出新葉。紅豔的果實是鳥類的最愛，在果熟期，經常可以看到野鳥爭相取食，也因樹型美，所以具有很高的觀賞價值。

作為行道樹的鐵冬青

鐵冬青的果實（雌株）

鐵冬青的雄花。花朵帶有淡紫色和粉紅色

刻脈冬青的果實。果梗長，果實低垂（雌株）

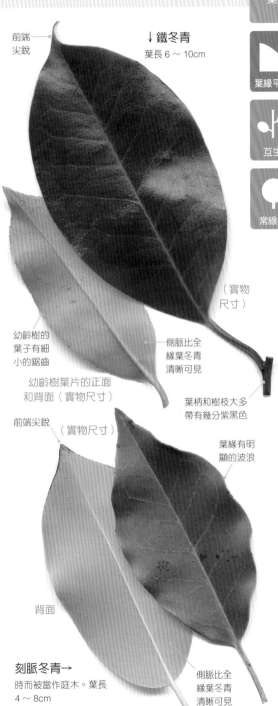

前端尖銳

↓鐵冬青
葉長 6～10cm

（實物尺寸）

幼齡樹的葉子有細小的鋸齒

側脈比全緣葉冬青清晰可見

幼齡樹葉片的正面和背面（實物尺寸）

葉柄和樹枝大多帶有幾分紫黑色

前端尖銳　（實物尺寸）

葉緣有明顯的波浪

背面

刻脈冬青→
時而被當作庭木。葉長 4～8cm

側脈比全緣葉冬青清晰可見

蚊母樹

金縷梅科蚊母樹屬

英語名：Evergreen witch hazel

日文別名：由師木、由之乃木、由志木　相似的樹：全緣葉冬青（P.156）、紅淡比（P.160）

花實▶ 1 2 3 4 5 6 7 8 9 10 11 12　出現處 街中 ★　野山 ★

小喬木

3～15m

圍籬、庭院、公園、山地、神社樹林

野生　人工栽培

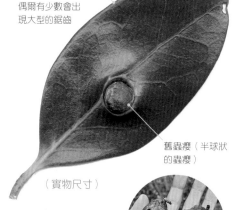

葉長 5～9cm。偶爾有少數會出現大型的鋸齒

舊蟲癭（半球狀的蟲癭）

（實物尺寸）

成蟲從裡面出來的洞

掉落的蟲癭（樹皮已木質化而成為淡褐色）。吹成蟲鑽出來的洞會發出聲音。在動畫『龍貓』當中也曾出現類似的笛子

蟲癭（無花果形的蟲癭）

蟲癭（實物尺寸）

蟲癭（呈小球狀的蟲癭）

背面（實物尺寸）

看得到葉脈的網紋

切開會有蚜蟲從裡面跑出來

因為被蟲寄生，形成巨大蟲癭的樹

看了下面的照片，如果有人覺得「這棵樹結了很多碩大果實啊」，那就大錯特錯了。這些看似果實的東西，其實全部是被蟲寄生所形成的瘤＝蟲癭。主要是受到蚜蟲在枝葉產卵的刺激，造成組織異常生長的結果。而且幼蟲就在蟲癭裡成長。雖然蟲癭在其他植物也看得到，不過不知為何，蚊母蟲總共會形成 10 種大小不一的蟲癭（各有不同的名稱），有時候整棵樹只剩下蟲癭。主要生長在台灣新竹及台中，外型與全緣葉冬青相似，但背面看得到葉脈。

日本最大的蟲癭（樹皮已木質化而成為淡褐色）。紅色的是花

這是半球狀的蟲癭。紅色和黃綠色的蟲癭很吸引人注目

蚊母樹真正的果實。成熟後轉為茶色，裂開

烏心石

木蘭科含笑屬
英語名：Michelia

喬木〜灌木
2〜15m

神社、寺廟、行道樹、庭院、公園、海邊的樹林、山地

野生 人工栽培

主要種類：烏心石、含笑花　相似的樹：紅楠（P.166）、深山含笑（P.169）

花寶▶ 1 2 3 4 5 6 7 8 9 10 11 12　出現處 街中 ★　　野山 ★

不分裂葉

葉緣平滑

互生

常綠樹

魅惑的香氣不僅迷人，連幽靈也受到吸引

　　在台灣號稱闊葉五木，包括了烏心石、牛樟、櫟樹、櫸木以及毛柿。其中烏心木，更屬於闊葉一級木，所以常常用來做為家具以及建材使用。有在做菜的家庭主婦應該經常會用到烏心石做的砧板，也因病蟲害比較少發生，所以經常做為行道樹的景觀植物。葉子長得就像瘦身版的紅楠。2〜4月綻放的花散發著甜香，有時讓聞到的人為之吸引，循著香味找到樹。被當作庭木栽培，同屬於含笑屬的含笑花，散發的香味多了香蕉或菠蘿麵包之類的氣味，同樣使許多人受到吸引。看樣子它連人的魂魄也能招來呢。

↓烏心石
原產於日本。葉長6〜12cm。葉子愈往前變得愈寬

背面泛白

（80%）

吸引各方人馬前來

芽被金色的毛所覆蓋

長出葉子的枝，有環狀的托葉痕。這是木蘭科的特徵

（80%）

芽和枝被焦茶色的毛覆蓋

含笑花→

原產於中國的灌木，被當作庭木栽培。在5〜6月開花，散發著甜香。葉長4〜10cm。幾乎沒有葉柄

神社境內的烏心石

烏心石的果實

烏心石的花。直徑約3cm，開在高高的枝頭

樹形被修剪得圓圓的

紅淡比

五列木科紅淡比屬

英語名：Sakaki

小喬木

神社、雜木林、山地、庭院、公園

3～10m

野生　人工栽培

日文別名：本榊　相似的樹：全緣葉冬青（P.156）、枛木（P.87）、白花八角（右）

花 實 ▶ 1 2 3 4 5 6 7 8 9 10 11 12　出現處 街中 ★★　野山 ★

種植在神社境內的紅淡比。老葉已經變色

人與神的分界之木

再走一步就是我的世界

給予人最深的心靈撫慰

在日本，紅淡比是種植在神社裡的樹。在供神和向神祈求時，經常把它的樹枝供奉在祭壇。以前有各種常綠樹被視為繁榮和生命的象徵，包括紅淡比，因此它的名稱就從「繁盛的樹（sakaeruki）」簡化為「sakaki」。在台灣，紅淡比是特有變種，果實是長橢圓形漿果，成熟時會變成黑色，會吸引麻雀、綠繡眼飛來覓食。紅淡比也被視為是人與神之間的「境之木」，意思是越過紅淡比就是神的世界了。葉子整體的感覺像是被拉長的全緣葉冬青，枝端長有尖爪般的芽，看起來十分的顯眼。

供奉在一般住家佛壇的紅淡比枝（玉串）

和枛木的不同處在於葉緣沒有鋸齒

果實是黑色。白色的花直徑約1.5cm

樹幹是紅褐色，質地平滑

（實物尺寸）

特徵是看起來像爪子或鐮刀的弧形長芽

背面（實物尺寸）

背面的側脈幾乎看不到

稍微看得到橫向伸展的葉脈（側脈）

白花八角

日文漢字：樒　英語名稱：Japanese star anise　五味子科八角屬

別名：日本莽草、高山八角、碗龍樹、香木　相似的樹：全緣葉冬青（P.156）、厚皮香（P.162）

花裝▶ 1 2 3 4 5 6 7 8 9 10 11 12　出現處 街中 ★★　野山 ★

小喬木 2～7m　墓地、寺廟、神社、山地、雜木林、庭院　野生 人工栽培

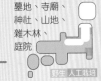 

不分裂葉

葉緣平滑

互生

常綠樹

守護墓地骨骸的劇毒之樹

在日本如果要選出三大有毒樹木，白花八角、金銀木、馬桑（兩項都在 P.118）都很有機會入選。白花八角是整株有毒，尤其是果實的毒性特別強，若不小心誤食，會有喪命的可能。它是從以前就常被種植在墓地的植物。原因之一是枝葉有香氣，可以拿來製成香焚燒，以消除屍體的異味；另一個原因是據說白花八角的劇毒，可以預防屍體被野生動物挖出來，葉子與全緣葉冬青相似，差異是帶有特殊香味，很容易區分。與白花八角非常相似的日本茵芋也有毒性。

白花八角的花是淺黃色，有多數細長的花瓣

白花八角的果實含有劇毒。外型類似中式料理常用的八角，小心不要搞錯了

供在墓前的白花八角枝。也會用於供佛

背面的側脈幾乎看不到

在墳墓的周圍種植白花八角，再插上樹枝，可以趕走野狼等野獸

←白花八角
葉長 5 ～ 11cm，集中長在枝端

日本茵芋的果實在秋冬時成熟變紅。全株有毒

（80%）

撕開會散發類似柑橘的香氣

↑ 日本茵芋
芸香科茵芋屬的灌木。生長在山地，有時被當作庭木栽培。葉長 4 ～ 12cm。別名：香茵芋、蔓樒

撕開會散發甜香，但是具有毒性，不可食用

（實物尺寸）

厚皮香

別名：紅柴火　相似的樹：海桐（右）、厚葉石斑木（P.79）、烏岡櫟

花實 ▶ 1 2 3 4 5 6 7 8 9 10 11 12　出現處 街中 ★★　野山 ★

山茶科厚皮香屬
英語名：Ternstroemia

小喬木
2～10m

庭院、公園、行道樹、海邊的樹林、山地

野生　人工栽培

奶油色的花朵低垂，看起來並不顯眼

作為庭木的厚皮香，樹幹挺直，枝葉修得很整齊

紅色的圓形果實很快就裂開，轉為茶色

古典日式庭院的庭木之王

厚皮香的特徵是充滿光澤的匙形樹葉叢生於枝端；酒紅色的葉柄也充分發揮畫龍點睛的效果。再加上即使放任不管，它也能維持整齊的樹形，所以一直有「庭木之王」的美稱。另外，它也和全緣葉冬青、桂花合稱為「庭院三大名木」。不過，以上這些光榮事蹟僅停留在當時以和風庭園為主流的昭和時代。最近幾年，流行的造景風格是西式庭園和雜木庭園，所以以往的庭園三大名木，現在種植的人變少了。庭木也能反映出流行的趨勢，所以從樹木推測它的種植年代，也是挺有趣的事呢。

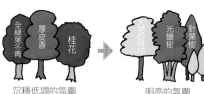
沉穩低調的氛圍　　明亮的氛圍

庭園三大名木
（筆者主觀評鑑）

葉子的幅度愈往前變得愈寬，葉尖鈍圓。

（實物尺寸）

厚皮的嫩葉也染上鮮紅色，相當亮眼

雖然是常綠樹，但老葉在秋冬會先轉紅再落

葉柄的顏色帶紅

背面。幾乎看不到葉脈

變色葉
（70%）

海桐

海桐科海桐屬
英語名：Cheesewood

日文別名：扉之木　相似的樹：厚皮香（左）、厚葉石斑木（P.79）、瑞香
花質▶1 2 3 4 5 6 7 8 9 10 11 12　出現處 街中 ★★　野山 ★★

灌木

公園、圍籬、庭院、行道樹、海邊的樹林、岩石多的山地

0.5～3m

野生 人工栽培

不分裂葉

葉緣平滑

互生

常綠樹

奇臭無比？
的海桐清香撲鼻的瑞香

就像台灣在過端午節時，會在門上掛上艾草、菖蒲及榕樹來避邪一般，在日本的節分和除夕當天，習慣把海桐枝放在玄關的「入口」當作裝飾。理由是枝葉散發的味道可以驅除惡鬼。既然連鬼都能趕跑，想必味道一定很嗆鼻，但實際聞過以後，我覺得它的味道只是有點刺激性，但不到臭不可聞的程度。不過，這樣的味道果然連鬼都怕啊。它的匙形葉叢生於枝端，如果生長在日照充足的地方，葉緣常常會捲曲。相對的，葉子與它有些相似的瑞香，早春開花，氣味芬芳迷人，和梔子花、丹桂合稱為「三大香花」。

海桐的圍籬，葉片翹起來的樣子很獨特

海桐的花卉從白色轉為黃色，散發著迷人的香氣

果實裂開，蹦出紅色的種子。種子帶有強烈的黏性

稍微看得到背面的葉脈網紋

←海桐
照片中的海桐枝是節分的裝飾，用於驅鬼。除了海桐，還有榔木枝、沙丁魚也綁在一起。葉長5～10cm

撕開會聞到味道

瑞香↑→
瑞香科的灌木。原產於中國，被當作庭木栽培

背面

白色的主脈很顯眼

葉片有一點皺褶

（實物尺寸）

（實物尺寸）

葉尖渾圓

楊梅

楊梅科楊梅屬
英語名：Bayberry

相似的樹：杜英、厚皮香（P.162）、紅楠（P.166）、紅葉樹

花實 ▶ 1 2 3 4 5 6 7 8 9 10 11 12　出現處 街中 ★★　野山 ★★

喬木
4～15m

公園、行道樹、庭院、海邊的樹林、山地

野生　人工栽培

體質強健的樹，樹形濃密渾圓

睜大眼睛仔細找找只有雌株才會結出美味的果實

　　楊梅的果實形狀與樹莓屬的果實相似，味道酸酸甜甜，也可以製成果醬。可惜的是，楊梅的樹分為雄株和雌株，只有雌株會結果。楊梅一般會被當作行道樹種植，但絕大多數都是雄株。因為大量的果實掉落地面，會污染周圍的環境。如果下次在公園看到楊梅樹，記得找找有沒有雌株。葉片細長，葉幅朝著葉尖逐漸變寬，葉緣也帶有鋸齒。杜英的葉形與其相似，差異在於葉緣一定有鋸齒。

暗紅色的果實看起來水嫩多汁

左邊是紅褐色的雄花。右邊是雌花，看得到雌蕊

成齡樹的葉子通常沒有鋸齒

幼齡樹和陰葉的葉緣呈鋸齒狀

←楊梅
葉子集中生長在枝端，長度 5～15cm

背面

（實物尺寸）

有鈍鈍的鋸齒

背面

背面的主脈大多是紅色

杜英→
杜英科的喬木。會被當作行道樹種植。一整年會長出少許紅色的葉子。葉長6～14cm

（實物尺寸）

杜鵑花科杜鵑花屬
英語名：Rhododendron

主要種類：洋石楠、東石楠杜鵑、本州石楠杜鵑、短果杜鵑

花曆▶ 1 2 3 4 5 6 7 8 9 10 11 12　出現處 街中 ★★　野山 ★

灌木　庭院、公園、山地（有很多園藝種）

1～5m　野生 人工栽培

不分裂葉

葉緣平滑

互生

常綠樹

花色極為鮮豔，但花蜜有毒

　　杜鵑石楠是杜鵑花屬（P.145～146）的植物，特徵是大片的葉子叢生在枝端，屬於常綠樹。在台灣是比較少見的高山型品種，花朵碩大美麗的種類，包括筑紫石楠、東石楠杜鵑等種類。絕大多數被當作庭木種植的是透過與世界各地的杜鵑石楠花雜交所培育的園藝種——洋石楠，其鮮豔的粉紅色與紅色花朵極為引人注目。只是杜鵑花屬有許多成員都含有毒性，尤其是石楠杜鵑，毒性特別強，以前曾發生誤食葉子和花蜜而發生食物中毒的案例。

花蜜雖甜，但最好不要吸食

（80%）

背面

洋石楠→
品種很多，型態各有不同。葉長一般是7～15cm

背面無毛，顏色大多為黃綠色

背面
（實物尺寸）

↑東石楠杜鵑
葉片背面覆蓋著淺咖啡色的毛。本州石楠杜鵑也是

洋石楠的樹形

洋石楠的花。花色有粉紅、紅色、白色、淡黃色等

石楠杜鵑類即使不在開花期，枝端也會長出很大的花苞，十分顯眼

石楠杜鵑的花是粉紅色～白色。

洋石楠的果實。成熟時，轉為茶色後裂開

紅楠

樟科楨楠屬
英語名：Machilus

別名：豬腳楠　相似的樹：大葉楠、鹿皮斑木薑子、日本石櫟（右）、烏心石（P.159）

花實 ▶ 1 2 3 4 5 6 **7 8** 9 10 11 12　出現處 街中 ★★　野山 ★★★

喬木
5～25cm

公園、行道樹、神社的樹林、海邊的樹林、山地

野生　人工栽培

撕開會散發香氣

（80%）

←紅楠樹
葉長 8～16cm

樹枝是綠色

從枝端長出獨一無二，帶有幾分紅色的大冬芽

背面泛白

（60%）

背面
（80%）

鹿皮斑木薑子↑→
樟科木薑子屬。葉長 7～13cm。樹枝的顏色偏黑

紅楠樹最顯眼的特徵是枝端長了一個特別大的芽

　　紅葉楠和栲樹、青剛櫟並列為最具代表性的常綠闊葉樹，葉形屬於幅度逐漸往葉尖加寬的形狀，而且葉片集中長在枝端。如果發現前端長出一個大芽，大概就是紅楠樹沒錯了。到了春天，這個芽會變得更巨大，花和葉子也長出來了。即使是嫩葉，也有不小的機率變成紅色，所以這個季節是紅楠樹最顯眼的時候。鹿皮斑木薑子的外型與它非常相似，差異是前者的尺寸小了一圈，而且樹皮出現顯眼的白斑，所以稱為「鹿皮斑」。

種植在公園的紅楠木

紅色的是變得巨大的芽。後方是黃綠色的花（P.21）

嫩葉是鮮紅或黃綠色夏天會結出黑色的果實（P.25）

顏色較淺的樹皮散布著疣狀物，老木的樹皮呈龜甲狀裂開

石櫟

山毛欅科石櫟屬

英語名：Japanese stone oak

日文別名：又椎　相似的樹：紅楠樹（左）、楊梅（P.164）、青剛櫟（P.76）、子彈石櫟

花實 ▶ 1 2 3 4 5 6 7 8 9 10 11 12　出現處 街中 ★★　野山 ★

喬木

公園、行道樹、雜木林、山地

5～15m

野生 人工栽培

不分裂葉

葉緣平滑

互生

常綠樹

炒過有烤地瓜味的
高個子橡實

　　石櫟屬於常綠小喬木。在台灣石櫟的分布只侷限在恆春半島等低海拔的山區，葉面光滑、葉片厚為革質，在殼斗科家族裡算質地最硬的其中之一。它和大部分的橡實不一樣，不但可以生吃，炒過的味道像烤地瓜。從繩文遺跡經常出土橡實儲存庫這點看來，遠古時候的人應該也常吃吧。它的葉片又大又長，叢生於枝端，栲樹（P.154）的成員之一。

朝著葉尖逐漸變寬的葉形

（80%）

細長的蘆筍貝

枝端的芽很小。綠色的枝條有縱向紋路

背面（80%）

開出奶油色花朵（P.21）的樹。樹形渾圓濃密

橡實到了隔天秋天才會成熟，顏色偏白的樹皮有縱紋

橡實的形狀出現很多變異，剛好一網打盡

果實（實物尺寸）

長2～3cm
果實較長，底部凹陷

背面泛金。撕開也沒有味道。葉長10～20cm

虎皮楠

交讓木科（虎皮楠）交讓木屬（虎皮楠）
英語名：Daphniphyllum

主要種類：交讓木、奧氏虎皮楠、薄葉虎皮楠　相似的樹：杜鵑石楠（P.165）、洋玉蘭（右）

花實 ▶ 1 2 3 4 5 6 7 8 9 10 11 12　出現處 街中 ★★　野山 ★★

小喬木～灌木
庭院、公園、行道樹、神社的樹林、海邊的樹林、山地
1～10m
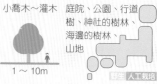
野生　人工栽培

虎皮楠→
葉長 10～22cm

虎皮楠→

（70%）

（70%）

背面
（實物尺寸）

兩種的葉柄通
常都是紅色

←奧氏虎皮楠
葉長 6～20cm。葉片背面
的葉脈網紋比交讓木細緻

背面
（實物尺寸）

裝飾新年的吉祥樹

　　台灣的虎皮楠科有 2 種，分別為奧氏虎皮楠以及薄葉虎皮楠。分布在全島低至中海拔的闊葉林中。尤其奧氏虎皮楠是虎皮楠科中最常見的。葉背網脈明顯、細緻，盛花期在每年的 4 月中，在日本有「新年之木」之稱。人們之所以覺得它很吉利，原因是等到春天的新葉長出，老葉就會下垂脫落，所以把它視為世代傳承與新年到來的象徵。生長在山地，屬於大型葉的交讓木，還有幾種變種。包括生長在雪國的灌木的薄葉虎皮楠、生長在溫暖地區，葉片較細的奧氏虎皮楠。而且不論生長在何處，當地都把它當作新年的裝飾。

老

中

青

公園的虎皮楠。葉子叢生於枝端下垂，紅色的葉柄很顯目。新葉先在枝端長出，2 年前的葉子已經變黃，掉落

結果的虎皮楠。果實低垂
（P.25）

蜜柑（原本應是橘柑）下
鋪著虎皮楠葉的鏡餅

洋玉蘭

英語名：Southern Magnolia

木蘭科木蘭屬

別名：荷花玉蘭　相似的樹：深山含笑、北美木蘭、枇杷（P.74）

花寶 ▶ 1 2 3 4 5 6 7 8 9 10 11 12　出現處 街中 ★★　野山

喬木　3～15m

庭院、公園（原產於北美）

野生 人工栽培

不分裂葉

葉緣平滑

互生

常綠樹

巨大的花也能用來製成香水

MISSISSIPPI
THE MAGNOLIA STATE

被原產地美國密西西比州指定為州木與州花

　　洋玉蘭的葉子和花都是大尺寸，存在感十足。類似厚朴（P.127）的花朵，直徑可達 20～30cm，是最大等級的花。因為它總是在比較靠近頂端的地方開花，能夠近距離欣賞的機會不多，但是它所散發的香氣十分芬芳迷人。甚至也成為木蘭屬的代表，以 Magnolia 的名稱出現在香水。葉子的質地堅硬，有些外翹，背面泛著金色，極具辨識度。外型與其相似的是最近愈來愈常被當作庭木栽培的深山含笑。

葉子粗硬，光澤強烈，稍微外翹

（70%）

葉柄又粗又硬

背面（70%）

背面被金色～茶色的絨毛覆蓋，展現獨特的色彩

洋玉蘭的樹形，給人葉子粗硬，直直挺立的感覺

果實成熟時會從裡面蹦出朱紅色的果實，葉子叢生於枝端

洋玉蘭在初夏時節綻放的巨大花朵

深山含笑的花在春天綻放，原產於中國，葉片泛白

楮樹（構樹）

桑科構屬
英語名：Paper mulberry

小喬木

草叢、雜木林、田地

主要種類：楮樹、小構樹　相似的樹：構樹、桑樹（右）、苧麻

花實 ▶ 1 2 3 4 5 6 7 8 9 10 11 12　出現處 街中 ★　野山 ★★

2～7m　野生 人工栽培

折不斷的樹枝，是足以成為和紙原料的證明

構樹的樹形。大型樹長的都是不分裂的葉子

常見的稱呼為構樹。我們平常用的紙，原料大多來自進口的尤加利和相思樹。但其實在一般的馬路旁常看到的楮樹樹皮也是造紙、製繩或做鈔票的最佳材料，因為它們的樹皮非常堅固。楮樹和桑樹類似，有分裂葉，也有沒有分裂的葉子。經常生長在野山的路旁，如果下次看到了，請試著折下它的樹枝。試過你會發現，它的樹枝很硬，非常不容易折斷。楮樹有專為製造和紙的人工栽培林，也有野生在山裡的小楮樹，不過人工栽培的楮樹已經變得少見了。

小構樹的果實，橘色的果實雖然可以食用，但是口感不佳。雌花是太陽的形狀（P.20）

被束起來的楮樹枝，蒸曬之後才能取出樹皮的纖維

構樹↓ 葉尖伸得很長
小構樹和構樹的雜交種。也有野化的個體。葉長 10～25cm

小構樹的嫩枝。它和楮樹一樣，有不分裂的葉子，也有最多分成 4 片小葉的分裂葉，除了大小，其他細節都很相似

葉緣的鋸齒比桑樹的細小

幼齡樹的葉（80%）

←小構樹
生長在日照充足的野山。葉長 6～13cm。葉柄約 1cm，比桑樹的短

成木的葉子背面（50%）

桑樹

桑科桑屬
英語名：Mulberry

小喬木

草叢、雜木林、川原、田地

3～12m

主要種類：小桑樹、白桑　相似的樹：楮樹（左）、構樹、枳椇

花實 ▶ 1 2 3 4 5 **6 7** 8 9 10 11 12　出現處 街中 ★　野山 ★★★

野生 人工栽培

邊緣分裂 不分裂葉

邊緣有鋸齒

互生

落葉樹

葉子出現分裂，像是被蟲啃過

　　以前為了養蠶，曾經有段時間大量栽培桑樹，但現在種植桑樹，目的是為了製作桑葉茶，以及收穫甜美的果實。桑葉的形狀極不規則，像是被蟲啃過一樣。大多是 3 裂，不過幼齡樹分裂得更複雜。成為大樹後，長的都是不會分裂的葉子，而這樣的樹會結出很多果實。有一點要注意的是，桑樹果實的汁液會把牙齒染黑，所以只要一吃就會被人發現。台灣到處可見到桑樹作為綠籬、庭園美化、盆栽等等來種植。

小桑樹的葉子，同一根樹枝會長出各種形狀的葉子

小桑樹的果實，成熟時從紅色轉為黑色，白桑的果實表面沒有突起

黃綠色的花朵並不起眼，分為雄株和雌株，照片中為雄株

幼齡樹的葉子
（60%）

↓小桑樹
普遍生長在各地的山野。葉長 7～15cm

幼齡樹的葉子
（25%）

成齡樹的葉子
（60%）

伸長的葉尖

和小桑樹相比，葉尖沒有往前伸

（25%）

白桑→
原產於中國。為了養蠶而種植。也有野化的個體

你吃了桑葚吧

我什麼也沒吃喔

木芙蓉

錦葵科木槿屬
英語名：Confederate rose

灌木

庭院、公園、
行道樹、圍籬
（原產於中國）

相似的樹：木槿（右）、蜀葵、紅秋葵、日本黃槿、梓樹

花實▶ 1 2 3 4 5 6 7 8 9 10 11 12　出現處 街中 ★★　野山 ★

1～3m

野生 人工栽培

木芙蓉的花，如果在溫暖地區，看得到生長在路旁的
個體

醉芙蓉的花是重瓣花。左邊
是已經枯萎，變成粉紅色的
花

木芙蓉的果實。直徑 約
3cm，轉為茶色成熟後會蹦
出種子

喝醉酒而臉紅的花

　　木芙蓉會開出碩大的粉紅色和白色花
朵，葉子類似槭樹，但它是互生葉，和槭
樹屬的槭樹不同，是木槿屬的成員。其中
有一品種的花朵，早上開花時是白色，從
中午開始轉為粉紅色，最後到了下午是深
粉紅色，然後枯萎。一日三變的顏色，看
起來就像喝醉酒臉變紅，所以稱為「醉芙
蓉」。雖然從白天就開始喝酒的人可能不
喜歡這個名稱，不過醉芙蓉是很受歡迎
的庭木。屬於草花的蜀葵外型與木芙蓉相
似，差異在於前者是長長的直立莖，能夠
清楚區別。

我喝醉
了⋯

↓木芙蓉
葉子 3 ～ 7 裂。葉長
10 ～ 20cm

（60%）

↑蜀葵
原產於歐亞大陸。是人工栽培
的草花。6 ～ 8 月會開出粉紅
色、紅色、白色的花朵，引人
注意

葉柄和葉片背面長
著有黏性的毛

木槿

錦葵科木槿屬

英語名：Rose of Sharon

別名：水槿　相似的樹：扶桑花、木芙蓉（左）、高砂芙蓉

花寶▶ 1 2 3 4 5 6 7 8 9 10 11 12　出現處 街中 ★★　野山

灌木

庭院、公園、
行道樹、圍籬
（原產於中國）

1～3m

野生　人工栽培

邊緣分裂
不分裂葉

邊緣有鋸齒

互生

落葉樹

充滿熱帶風情的
木槿屬成員

　　木槿和充滿熱帶風情的扶桑花同屬於木槿屬的成員，花的形狀也相似。差異在於，扶桑花只能在室內或溫暖的地區越冬，而木槿不但耐寒性強，也不怕空氣污染，所以經常被種植在都會區，甚至是高速公路的路旁。木槿原產於中國，但被韓國定為國花，連國徽的正中央也畫著一朵盛開的木槿，所以木槿的另一個英文名稱是「Korea Hibiscus」。

開花的木槿，樹形的特徵是多數的樹枝都往上伸展

木槿的花，顏色有粉紅、淺紫白色等，但底部以紅色居多

木槿的果實，它的果實比木芙蓉小，成熟時會轉為茶色，蹦出種子

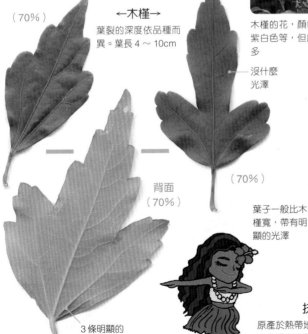

（70%）

←木槿→
葉裂的深度依品種而異。葉長 4～10cm

沒什麼光澤

背面
（70%）

（70%）

3 條明顯的葉脈

扶桑花是許多園藝種的總稱，花色繁多，有紅色、粉紅色、橘色、黃色等

葉子一般比木槿寬，帶有明顯的光澤

扶桑花→
原產於熱帶地區。葉子大多沒有分裂，但也有分裂葉（P.13）。葉長 5～12cm

（70%）

173

樹莓

薔薇科樹莓屬
英語名：Raspberry

灌木

草叢、雜木林、山地、庭院

0.2 ～ 2.5m

主要種類：紅葉莓、苦莓、寒莓、黑莓、蓬蘽（P.208）

花實 ▶ 1 2 3 4 5 6 7 8 9 10 11 12　出現處 街中 ★　野山 ★★★
（モミジイチゴやニガイチゴの場合）

生生 人工栽培

紅葉莓的果實是黃色～橘色，味道甜美，很受歡迎（P.25）

會長成樹的莓果

所謂的樹莓，其實是總稱，泛指所有會長成樹的莓果。它們典型的特徵包括經常生長在日照充足的野山，春天開白花，到了初夏結出可以食用的紅色～黃色果實，而且枝葉帶刺，有裂葉的主要種類包括最具代表性的紅葉莓，還有苦莓、牛疊肚、構莓（沒有刺）、寒莓（冬天結果的常綠樹）、3 ～ 5 片葉子為一組的蓬蘽、茅莓（都在 P.208）、黑莓（被當作庭木時野化）。請各位找找看有沒有讓你特別感興趣的莓果吧。

苦莓的果實是紅色～橘色，味道甜美，不苦

覆盆子的果實是聚合果，成熟時從紅色轉為黑色，酸味很強

寒莓→
蔓性灌木，生長在森林。在 11 月～ 1 月結出紅色的果實。葉長 6 ～ 12cm

裂成 3 ～ 5 片，有各種形狀　（20%）

（50%）

背面（60%）

背面是淺綠色。生長在西日本的個體，葉片大多細長

淺裂。背面的毛很多，是淡褐色

背面的顏色泛白。也有幾乎沒有分裂的葉子

（60%）

←苦莓
花朵和果實都朝上。葉長 2 ～ 10cm

←紅葉莓→
花朵和果實低垂。葉長 5 ～ 13cm

背面（60%）

帶刺

三葉海棠

薔薇科蘋果屬
英語名：Siebold's crabapple

別名：山茶果、山楂子　相似的樹：圓葉海棠、蝦夷酸蘋果、蘋果、冠蕊木
花實 ▶ 1 2 3 4 5 6 7 8 9 10 11 12　出現處 街中 ★　野山 ★★

小喬木
2～5m

濕地、山地、庭院、公園

野生 人工栽培

不分裂葉 邊緣分裂
邊緣有鋸齒
互生
落葉樹

有時會出現裂葉的袖珍蘋果

當作水果食用的蘋果，是原產於西亞，栽培在寒冷地區的樹。原產於中國的圓葉海棠是很多人種植的庭木，此外，台灣也有野生的蘋果三葉海棠，果實都很小，直徑頂多只有 1cm 非常迷你，是吃起來像很酸的蘋果。雖然三葉海棠的果實奇酸無比，但做為觀賞之用，還是有極高的價值，因為開的花朵雪白動人，且氣味芳香，加上果實的造型非常別致，所以用作庭園景樹非常適合。三葉海棠時常會出現裂成 3 部分的葉子，不過蝦夷酸蘋果、蘋果、圓葉海棠的葉子都沒有分裂。不過同為薔薇科的植物當中，冠蕊木的葉子也是裂成 3 片。

野生的三葉海棠大多生長在寒冷地帶，也很能適應濕地和高原的環境

三葉海棠的果實就像一顆迷你蘋果。顏色是紅～橘色，有時也有黃色

三葉海棠的花。蘋果類的花苞都是粉紅色，開花後變成白色

蘋果類的葉片背面、葉柄、芽等處都長有白毛

（80％）

葉片分裂的深度和形狀有各種變化，通常是 3～5 裂

蘋果類的葉子集中在短枝上

葉緣有鋸齒和淺淺的裂痕

（80％）

（80％）

↑三葉海棠
不會分裂的葉子和圓葉海棠、蝦夷酸蘋果如出一轍。葉長 4～10cm

↑圓葉海棠→
原產於中國，果實直徑約 3cm。葉子沒有分裂。葉長 4～11cm

↑冠蕊木
冠蕊木屬的灌木。生長在野山。開小白花（P.23）果實為茶色。外型類似樹莓，但不帶刺。葉長 3～8cm

邊緣不分裂葉

邊緣有鋸齒

互生

落葉樹

地錦

葡萄科地錦屬

英語名：Japanese ivy

主要種類：夏蔦（夏綠秋紅種。另有冬蔦，是常年綠種）、異葉爬山虎　相似的樹：台灣常春藤（P.197）、花葉地錦

花實 ▶ 1 2 3 4 5 6 7 8 9 10 11 12　出現處 街中 ★★　野山 ★★

藤本植物　圍籬、建築物的牆壁、草叢、雜木林

1～15m　野生 人工栽培

建築物的牆面爬滿了變色的地錦。

唯一一種連滑溜溜的牆壁都攀得上去的蔓藤

　　不知道各位是否看過有些老屋或久無人居的房子，整面牆爬滿了蔓藤植物的模樣呢？八九不離十是地錦幹的好事。地錦在台灣隨處可見，是一種卷鬚帶有吸盤的蔓藤，即使面對的是垂直的光滑壁面，它也能像忍者一樣一步步攀爬上去。另外，地錦的葉子到了秋天會變成各種美麗的色彩，包括紫色、紅色、橘色、黃色，形成美麗的漸層。葉子的形狀基本是 3 裂，但幼藤除了沒有分裂的小葉子，也會出現類似台灣藤漆（P.204）的 3 出複葉。

水泥圍牆上的變色葉

果實很像葡萄，但有苦味

爬上樹幹的地錦

卷鬚的前端是圓圓的吸盤

我連 90 度的牆壁也爬得上去！

葉子兩面都沒有毛。葉長 5～18cm

（70%）

葉子表面有光澤

3 片 1 組的葉子

小型的葉．變色葉（60%）

176

葡萄

葡萄科葡萄屬、蛇葡萄屬

英語名：Grape

藤本植物

草叢、雜木林、山地、田地、庭院

主要種類：葡萄、桑葉葡萄、紫葛、異葉山葡萄、光葉葡萄、甘葛

花實 ▶ 1 2 3 4 5 6 7 8 9 10 11 12 　出現處 街中 ★ 　野山 ★★

1～10m

野生　人工栽培

不分裂葉

邊緣有鋸齒

互生

落葉樹

山野有各式各樣的葡萄

葡萄家族的共同特徵是葉子 3～5 裂，利用從莖長出的卷鬚爬上草木。台灣所種植的葡萄主要分布在台中縣、彰化縣以及南投縣。葡萄屬於蔓性果樹，在老莖的表皮會有明顯的裂痕。除了全世界廣為種植外，其實，也有幾種原生種野生葡萄，會結出小型的果實。在近郊的草叢間數量最多的是桑葉葡萄和異葉山葡萄。不過，桑葉葡萄的果實酸味很重，而異葉山葡萄的果實雖然鮮豔，卻無法食用。山地和還有葉子很大的紫葛，果實的滋味酸酸甜甜，可以榨成果汁和做成葡萄乾。

結出黑色果實的桑葉葡萄。葉子的皺褶很醒目

紫葛的果實是黑紫色，長在高高的蔓藤之上

異葉山葡萄的果實有青色、紫色、粉紅色和白色。花朵是黃綠色（P.22）

背面（150%）

桑葉葡萄和紫葛的葉子背面有很多亂蓬蓬的毛

明顯的細微皺褶

葉尖鈍圓的葉子很多

卷鬚

變色葉（50%）

背面的毛少

（50%）

↑ 桑葉葡萄

葡萄屬。葉長 5～13cm

異葉山葡萄→

葉長 6～14cm

←紫葛

葡萄屬。葉長 15～30cm

（40%）

前端突出

王瓜

葫蘆科栝樓屬
英語名：Snake gourd

藤本植物（草）　草叢、路旁、雜木林

主要種類：王瓜、黃栝樓　相似的蔓藤：馬兒、小黃瓜、葡萄類（P.176〜177）

花 果 ▶ 1 2 3 4 5 6 7 8 9 10 11 12　出現處　街中 ★　　野山 ★★

2〜5m

野生　人工栽培

花瓣的邊緣呈細絲狀向外擴散。到了早上就枯萎

幼果表面有直紋，看起來很古椎。橢圓形的果實長5〜7cm

果實成熟時轉為橘色〜紅色，留下枯萎的蔓藤。黃栝樓的果實是黃色，形狀渾圓

穿上結婚禮服，等待晚上的相會

在夏夜時節，有些花等到天色暗下來了才開花。那就是王瓜，它的花瓣像絲狀的流蘇，看起來就像美麗的結婚禮服。為什麼如此美麗的花只在晚上開花呢？原因是為了吸引只在夜間活動的情郎（天蛾）。為了方便對方在黑暗中尋找，才會穿著一身耀眼的白色禮服，順利進洞房（※ 天蛾會幫忙授粉）的雌株，到了秋天會結出紅色果實，雖然味道不佳，連烏鴉也不肯吃，但是果實裡藏著形狀與螳螂頭相似的種子。有沒有人有興趣試試看呢？

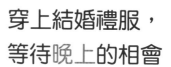

（天蛾）

靠著卷鬚攀附在其他植物

果實的形狀看起來像一顆螳螂的頭，有點恐怖。果實的味道是又苦又甜

蛾郎！我等你好久了

花子，妳好美喔

（50%）背面

（70%）

兩面都多毛，沒有光澤。黃栝樓的葉片有光澤

葉子是三淺裂，長6〜12cm。有時也會出現五深裂的葉子

葉緣的鋸齒圓〜鈍。黃栝樓的外型與其相似，但鋸齒比較尖銳

刺楸

五加科刺楸屬
英語名：Castor aralia

日文別名：栓之木、山桐　相似的樹：色木槭（P.189）、八角金盤（P.183）、北美楓香樹（P.180）

花實 ▶ 1 2 3 4 5 6 7 8 9 10 11 12　出現處 街中　野山 ★★

喬木　8～25m

山地、雜木林

野生 人工栽培

不分裂葉

邊緣有鋸齒

互生

落葉樹

它不是槭的成員，而屬於八角金盤的一員

　　刺楸生於寒冷地區，常見於東日本的樹林，會長成大樹。因為掌狀裂葉的特徵，常讓它被以為是楓樹的成員，但是它在秋天的變色葉是黯淡的黃色，稱不上特別美麗，仔細比對葉子的氣味、花和果實的形狀後，可以確認它和八角金盤一樣是五加科。因為它的葉子裂片比八角金盤少了兩枚，其實應該稱為「六手」也不為過。但是，它的葉子和紫花泡桐一樣很大，而且樹枝帶刺，它的新芽可以當作山菜食用，有一股特殊的風味。

結出花苞的枝。花是奶油色，果實是黑紫色

撕開會散發山菜特有的香氣

山菜最常見的料理法是油炸，但不要一次吃太多，以免吃壞肚子

樹枝的刺很大。五加科的植物有很多可以當山菜食用

葉子一般是7裂，長 12～30cm，相當大型

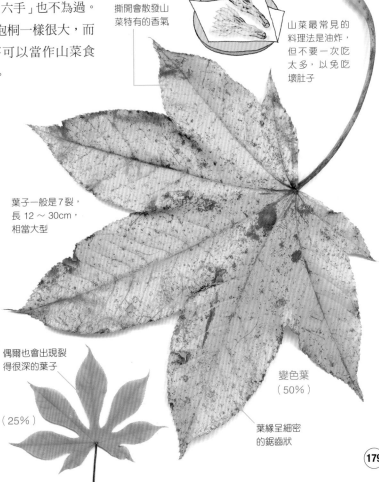

成齡樹的樹皮縱裂。即使是幼齡樹，樹幹也帶刺

偶爾也會出現裂得很深的葉子

（25%）

變色葉（50%）

葉緣呈細密的鋸齒狀

179

楓香樹

楓香科楓香屬
英語名：Sweet gum

喬木
7～20m

行道樹、公園
（原產於北～中美、中國）
野生 人工栽培

主要種類：北美楓香樹、楓香樹　相似的樹：槭類（P.184～189）、刺楸（P.179）

花實 ▶ 1 2 3 4 5 6 7 8 9 10 11 12　出現處 街中 ★★　野山

開始變色的北美楓香樹的行道樹

北美楓香樹的果實（聚合果）。直徑 3～4cm。葉子叢生於枝端

北美楓香樹的樹皮呈縱向深裂。楓香樹的樹皮裂得比較淺

「楓」的外表，和槭簡直是雙胞胎

　　說到讓人分不清到底是楓樹還是槭樹的樹，指的應該就是北美楓香樹了。它的葉子是 5 裂，符合槭樹的特徵，葉子變色時也轉為紅色～橘色，看起來相當美麗。但北美楓香樹既不是楓也不是槭，而是屬於楓香科。我們可以藉由外型區分兩者的不同。北美楓香樹低垂的果實圓又硬，葉互生，樹幹直立，顯得樹形縱長。即使生長在溫暖地區，葉子在變色時還是會轉變為美麗的色彩，所以是很受歡迎的行道樹。同科同屬的楓香樹，葉子 3 裂，在台灣可說從平地到高海拔的地區都有，總能時不時的相遇。

北美楓香樹→
紅葉葉楓別名為美國楓香。原產於北～中美。葉長 10～22cm

葉子比槭葉大得多

（60%）

變色的葉子聞起來有一絲甜蜜的果香

葉緣出現細小的鋸齒

變色葉
（60%）

↑楓香樹
台灣楓原產於台灣與中國。葉長 7～17cm

掉落的果實（聚合果）。左邊稍小的是楓香樹，右邊是北美楓香樹

也有這種形狀的葉子

變色葉
（15%）

懸鈴木

懸鈴木科懸鈴木屬

學名：Platanus　英語名：Plane tree

主要種類：二球懸鈴木、一球懸鈴木、三球懸鈴木

花實▶ 1 2 3 4 5 6 7 8 9 10 11 12　出現處 街中 ★★　野山

喬木

7 ~ 25m

行道樹、公園
（原產於歐亞大陸和北美）

野生 人工栽培

不分裂葉

邊緣有鋸齒

互生

落葉樹

掛著鈴鐺，
身穿迷彩服的樹

　　懸鈴木有 3 個顯眼的特徵，第一是類似槭葉的 3 ~ 5 裂葉，而且是大型葉；第二是樹皮剝落，斑駁的模樣好比迷彩服；第三是樹上掛著鈴鐺般的圓型果實。懸鈴木屬的學名是「Platanus」，最常見的是由三球懸鈴木和一球懸鈴木交配後培育的二球懸鈴木。很多歷史悠久的城市都會種植懸鈴木當作行道樹，可惜的是，如果不加處理，它會長得非常雄偉，所以樹枝常被修整。因為如此，大部分的樹木都不會結果。

二球懸鈴木。一個果枝結 1 ~ 3 顆果實。

二球懸鈴木的樹皮。有白色、灰色、綠色和茶色等，形成斑駁的模樣

二球懸鈴木的行道樹。被修剪成細長的樹形

（50%）

葉子裂開的深度算是中等

葉子裂得很淺

一球懸鈴木→
原產於北美。1 支果枝結 1 個或 2 個果實。樹皮是明顯的茶色

（15%）

果實（聚合果）成熟後會裂開

←**二球懸鈴木**
園藝品種。葉長 12 ~ 20cm

葉子裂得很深

（15%）

三球懸鈴木→
原產是西亞 ~ 歐洲。通常是每根果枝有 3 ~ 7 個果實，樹皮的模樣斑駁

181

無花果

桑科無花果屬
英語名：Fig tree

小喬木

庭院、田地
（原產於西亞）

2〜5m
野生 人工栽培

別名：聖果、幸福果　相似的樹：八角金盤（右）、桑樹（P.171）、構樹
 花實▶ 1 2 3 4 5 6 7 8 9 10 11 12　出現處 街中 ★★　野山

邊緣分裂

邊緣有鋸齒

互生

落葉樹

田裡的無花果。會逐漸發展為枝葉從根部長出的樹形

Q. 什麼水果不會開花？

　　答案是無花果。其實，答案就在它的名字——「無花果」這3個字。但是正確來說，並不是它不開花，而是我們看不到。無花果屬的成員，花都開在果實形狀的袋子（花囊）裡面，靠著榕小蜂潛入其中，完成授粉的工作，最後才順利結果（請參照P.130的假枇杷）。因此，即使果實的外表看起來仍然青澀，說不定裡面已經開花了。無花果葉是大型的叉形葉，但形狀因品種而異。只要一靠近，就能聞到無花果的香氣。

樹枝長出開始成熟的果實（果囊）

被鳥吃的果實。人工栽培的無花果，即使沒有榕小蜂也能結果

也有裂得很深，形狀複雜的品種

榕小蜂從前端鑽進去

排列著小小的花

花囊的剖面圖

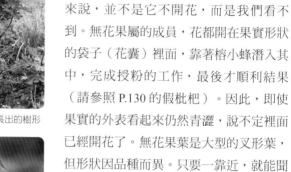
葉子的質地粗糙，有無花果味

（40%）

背面（40%）

切斷枝葉會流出白色汁液

葉子3〜7裂。葉長20〜40cm

八角金盤

五加科八角金盤屬
英語名：Fatsia

相似的樹：蓪草、刺楸（P.179）、梧桐（P.191）

花實 ▶ 1 2 3 4 5 6 7 8 9 10 11 12　出現處 街中 ★★　野山 ★★

灌木

庭院、公園、雜
木林、神社樹
林、海邊的
樹林

1～3m

野生 人工栽培

不分裂葉

邊緣有鋸齒

互生

常綠樹

有如八隻手的大型葉

　　最引人注意的特徵是一片片有手掌大小的大型葉。常種植在背陰庭院。從它的日文名稱「八手」，或許有人會以為它的葉子有 8 個裂片，其實有 9 個裂片的葉子更多，所以我們不妨把 8 當作下刀切開的次數。葉子特殊的形狀與碩大的體型，想要讓人搞錯都不容易。原本生長在海邊的樹林，但最近在都會區和內陸的樹林也看得到從庭木逐漸野化的個體。八角金盤屬於常綠灌木，秋天之後，會開出纖形的白花，圓滾滾的，十分可愛。

長柄的大片葉子向外伸展，即使在缺乏日照的背陰處也能順利生長

葉片厚實有光澤

果實成熟時轉為黑紫色。鳥類很常吃，花粉也藉機得到傳播

（40%）

初冬時開出顯眼的白花，經常吸引蠅類和蚜蟲聚集

葉子 7～11 裂。葉子的直徑 20～50cm。幼齡樹的葉子是小型葉，大多是 3～5 裂

在日本有天狗的團扇之稱

183

槭

無患子科槭屬
英語名：Japan maple

小喬木 庭院、公園、神社、行道樹、雜木林、沿著山谷之處、山地

3～15m

主要種類：大紅葉掌葉槭、山紅葉楓　總稱：楓

花實▶ 1 2 3 **4 5 6 7 8 9 10 11 12**　出現處 街中 ★★★　野山 ★★

野生 人工栽培

雞爪槭。變色葉有紅色、橘色、黃色三個顏色

大紅葉楓的花和嫩葉。鮮紅的花看起來很顯眼

大紅葉楓的果實。成熟後轉為茶色，在旋轉的過程中掉落

「紅葉」是美麗變色葉的代名詞

　　所謂的「紅葉」，原本指的是葉子在秋天變色的植物。後來轉變為專指變色葉特別美麗的楓屬樹木。被冠上「紅葉」的樹，包括雞爪槭、大紅葉楓、山紅葉楓。其中葉子最小的是雞爪槭，葉子大多是7裂。大紅葉楓、山紅葉楓的葉子比雞爪槭的大了一圈。槭樹是可說是非常有名的觀葉植物，尤其在秋冬時節，全樹的葉片像火焰一般，非常美麗。在台灣因高溫緣故，所以比較能欣賞到的是在春天新長出色彩繽紛的葉子。

有大小兩層的重鋸齒。也有介於山紅葉楓和大紅葉掌葉槭之間的類型

葉幅窄，有大小兩層的重鋸齒

我來散裂成幾片

葉緣的鋸齒通常很小

變色葉（90％）

（80％）

↑山紅葉楓
大紅葉掌葉槭的變種，邊緣呈不規則鋸齒狀

背面

←雞爪槭
生長在日本東北南部～九州的低海拔山地。日本各地都有栽培。葉子5裂或7裂，直徑4～7cm

↑大紅葉掌葉槭
葉子7裂或9裂，直徑6～12cm

槭（園藝種）

無患子科槭屬
英語名：Japan maple

小喬木

庭院、公園、神社、行道樹

主要種類：野村紅葉、枝垂紅葉（青枝垂、赤枝垂）、出猩猩

花實 ▶ 1 2 3 **4 5 6 7 8 9 10 11** 12　出現處 街中 ★★★ 野山

1～12m

不分裂葉

邊緣有鋸齒

對生

落葉樹

春天是楓紅季！？
葉子怎麼裂成這樣！？

　　槭葉最大的特徵就是美麗的變色葉，加上葉形和樹形也很出色，因此透過雞爪槭、大紅葉掌葉槭、山紅葉楓的雜交，培育出葉形和葉色各異的幾百個園藝用品種。如果要一一正確辨識，無疑相當困難，不過特別有趣的是以下要介紹的這兩種。野村楓的嫩葉在春天～初夏會轉為紅紫色，讓很多人看到都覺得納悶「春天什麼時候變成楓紅季了！？」枝條下垂的枝垂楓，葉形屬於多裂葉，而且裂葉細小複雜，讓看的人忍不住嘖嘖稱奇「葉子怎麼會破成這樣！？」

野村楓到了新綠的季節，整棵樹會變成紫紅色（6月）

野村楓的嫩葉與花（5月）

枝垂楓（青枝垂）的葉

赤枝垂6月的葉子。夏天會變成綠～紫色

一直裂到葉基

（80%）

←枝垂楓

山紅葉楓的品種之一，擁有嫩葉是綠色的青枝垂（羽毛楓）、紫紅色的赤枝垂（紅枝垂、手向山）等品種。

嫩葉（80%）

葉子變色的枝垂楓。大多是比較低矮的灌木

這也是楓葉！？

野村楓→

葉子與大紅葉掌葉槭相似的品種很多，特徵是葉子在春天會轉為深紫，夏天變成綠～紫色，秋天則變為紅色。

裂開的深度和形狀因品種而異

楓葉類的幼齡樹的樹皮是綠色，長為成齡樹後變成帶有縱紋的灰色

羽扇槭

英語名：Fullmoon maple

無患子科楓屬

小喬木～喬木

山地、雜木林、庭院、公園

主要種類：羽扇槭、小羽扇槭、白澤槭　總稱：槭

花 實 ▶ 1 2 3 4 5 6 7 8 9 10 11 12　出現處 街中 ★　野山 ★★★

3～20m

好生 人工栽培

羽扇槭。3種主要種類的變色葉都有紅、橘、黃色

嫩葉長得像妖怪，展開後像蛙蹼

　　羽扇槭類的葉裂數比雞爪槭類的多。名稱來自它的葉子長得很像「八角金盤（P.183）」。因為葉子圓得像滿月，所以得到「名月楓」的別名。楓的日文發音近似日文的青蛙，這是以前的人因為葉形像蛙蹼，所以從「蛙手（kaerude）」轉為「楓（kaede）」。總而言之，羽扇槭長出嫩葉的時候，樣子真的很像蛙蹼。除了大多分布在寒冷地區的羽扇槭，還有也可適應低海拔環境的小羽扇槭、葉裂數多達13個的白澤槭。

白澤槭大多生長在深山

羽扇槭的嫩葉與花。葉子下垂，看起來像妖怪的手

白澤槭↓

分布在本州、四國。葉子9～13裂，直徑6～10cm

大小兩層的重鋸齒很顯眼

變色葉（60%）

葉柄偏長，沒有毛

也有各種顏色交錯的葉子

←小羽扇槭

分布在本州～九州。葉子一般是7～9裂，直徑5～9cm

葉柄較長，有毛

羽扇槭→

分布在北海道、本州。葉子9～11裂，直徑7～14cm

（80%）

葉柄較短，有長毛

無患子科楓屬

英語名：Snake bark maple

總稱：楓　相似的樹：山楂葉槭、細枝槭、鐵槭

 出現處 街中 ★　野山 ★★

小喬木

5～15m

雜木林、山地

野生　人工栽培

不分裂葉

遠緣有鋸齒

對生

落葉樹

佈滿直紋，好像西瓜的樹幹

　　黑綠直紋相間的樹皮上，佈滿著菱形花紋，看起來相當獨特。據說瓜皮槭的名字源自它的花紋近似香瓜的紋路，但筆者覺得可以取個更直白的名稱，例如「西瓜皮槭」。順帶一提，它的英文名稱是「蛇皮楓」的意思。不過這種特殊的模樣僅見於年輕的樹幹，等到變成老樹，樹幹的顏色就變成灰色。葉形是大大的五角形，極具辨識度，與其非常相似的細枝槭，以及葉片較小的鐵槭，樹幹也是呈現綠黑直紋的模樣。

枝葉長出螺旋槳狀的果實。花是淡黃色（P.21）

樹皮。綠黑相間的直紋，佈滿菱形紋路（皮孔）

葉子在秋天轉變為紅色、黃色，是森林中的焦點

變色葉（70%）

（70%）

背面

↑瓜皮槭
葉子是淺淺的 3～5 裂，長 10～15cm

葉脈的分歧點長著茶色的毛。細枝槭沒有毛，但有膜

葉片背面（200%）

山楂葉槭↑
樹幹是綠色，上面沒有菱形花紋。葉子幾乎沒有分裂，但有些是 3 裂，長度 4～10cm

三角槭

無患子科楓屬
英語名：Trident maple

 喬木
5～15m

 行道樹、公園、庭院（原產於中國）

野生 人工栽培

總稱：楓　相似的樹：花槭、山楂葉槭（P.187）、楓香樹（P.180）

花實 ▶ 1 2 3 4 5 6 7 8 9 10 11 12　出現處 街中 ★★★ 野山

邊緣有鋸齒

對生

落葉樹

當作行道樹的三角槭。變色葉有紅、橘、黃色

在日本 10 大行道樹排行榜名列第 5！3 裂葉的槭樹

　　三角槭是在唐朝時從中國引進日本。它適應環境的能力很強，從以前就被當作行道樹。在日本 10 大行道樹排行榜（P.123）中名列第 5，在全國各地種植的棵數超過 30 萬棵，可說是相當驚人的數字。在野生狀態下可以長成樹形雄偉的大樹，但是在地窄人稠的日本，為了避免行道樹的樹枝勾到電線和建築物，所以一律修剪成細長的樹形。三角槭最大的特徵是葉子裂成美麗的三叉形，在日本的槭樹當中，花槭也是類似的葉形。

花是黃綠色。長在高樹枝上的葉子裂得淺，葉緣也沒有鋸齒

樹皮呈不規則的縱裂、剝落，看起來有點髒髒的

葉緣的鋸齒狀雖不明顯，但枝葉修剪過的個體，有時也會出現鋸齒明顯和深裂的葉子

變色葉

葉緣呈不規則的鋸齒狀。有些部位裂得深，有些裂得淺

背面（33%）

泛白

背面稍微泛白

（80%）

變色葉（80%）

果實

←三角槭↑
葉 3 裂，長 3～9cm

果實是螺旋槳形，成熟轉為茶色後會裂成兩半，在旋轉的過程中掉落

↑花槭→
別名為花楓。分布在岐阜縣、長野縣、愛知縣，也會被種植在公園或當作行道樹。葉是淺 3 裂，長 6～12cm

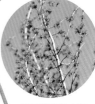

花槭開的是小紅花（P.20）

背面

主要種類：鬼板屋楓、猿猴楓、紅板屋楓　相似的樹：糖楓、魔鬼槭

花葉▶ 1 2 3 4 5 6 7 8 9 10 11 12　出現處 街中 ★　野山 ★★

野生 人工栽培

不分裂葉

葉緣平滑

對生

落葉樹

說不定能採收到楓糖漿喔

　　據說色木槭的枝葉像屋頂一樣寬闊，所以又被稱為板屋。大多生長在山地，在日本的槭樹（多達 27 種）中，屬於能夠長得特別高大的種類。色木槭是無患子科楓屬的植物，在海拔 800 米 -1500 米的山坡地，包括俄羅斯、日本以及長江流域、華北等地都可以看到它的蹤跡。葉子最大的特徵是葉緣沒有鋸齒。葉裂的深度和毛量的變化很多，有時會細分為鬼板屋楓、猿猴楓、紅板屋等 7 個亞種，以便稱呼。能夠從樹液製造出糖漿的是糖楓，不過據說從板屋楓的樹液也能提煉出少許糖漿。

色木槭的變色葉一般是黃色

花是黃綠色（猿猴楓）

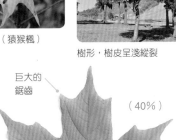

樹形，樹皮呈淺縱裂

沒有鋸齒

這是裂得深的亞種猿猴楓。樹齡愈小的樹裂得愈深

變色葉
（80%）

這是裂得淺的亞種鬼板屋

↑色木槭→
葉 5 ～ 7 裂。葉長
5 ～ 18cm

（33%）

巨大的鋸齒

（40%）

糖楓是加拿大國旗的圖案

↑糖楓→
原產於北美，偶爾有人種植。在春天在樹幹上鑿洞，將管子插進去，就用桶子盛接樹液。樹液經過熬煮濃縮，就是楓糖漿了。葉長 8 ～ 17cm

189

不分裂葉 邊緣分裂

葉緣平滑
（邊緣有鋸齒）

對生

落葉樹

紫花泡桐

泡桐科泡桐屬
英語名：Princess tree

喬木

5～15m

公園、行道樹、庭院、海邊的樹林（原產於中國和日本南部）

野生 人工栽培

相似的樹：海州常山（P.125）、野桐（P.192）、梧桐（右）、梓樹

花寶▶ 1 2 3 4 5 6 7 8 9 10 11 12 　出現處 街中 ★★ 　野山 ★★

花是淡紫色。花和葉子都被畫進桐紋裡

第一輕的木材
第一大的葉子

　　紫花泡桐的木材可說非常的輕，是一種成長非常迅速的樹。樹齡 15～20 年的樹就可以砍下當作木材，所以以曾經流傳著在女兒出生時，在庭院裡種下泡桐，等到女兒出嫁時，再以當初種下的樹，製作成櫃子的風俗。雖然紫花泡桐的生長速度很快，但令人驚訝的是，以前的女性竟然這麼早婚。它的原產地是中國，因為隨著風飛散四處的種子，容易落地生根，所以在市區也看得見。葉子是五角形～心形，幼齡樹的葉子在日本可說是最大等級。紫花泡桐也是日本的象徵，包括日幣 500 的硬幣、日本政府的紋章、傳統紙牌遊戲花牌，都出現它的圖案。

日本政府的紋章和豐臣秀吉的家紋都描繪著紫花泡桐的圖案

成齡樹的葉緣沒有鋸齒，但幼齡樹有不少葉子有鋸齒

生長在空地的紫花泡桐的幼齡樹。大多生長在圍牆邊

葉子淺淺的 3～5 裂，或者完全不分裂。葉長 15～40cm，但有時可達 60cm

（50%）

幼齡樹的葉子，葉片背面（20%）

葉柄和葉片背面長著有黏性的毛

果實成熟時轉為茶色，裂開，從裡面掉出扁平的小顆種子

梧桐

錦葵科梧桐屬
英語名：Chinese parasol tree

相似的樹：紫花泡桐（左）、無花果（P.182）、油桐、瓜木

花實 ▶ 1 2 3 4 5 6 7 8 9 10 11 12　出現處 街中 ★★　野山 ★

喬木
5～15m

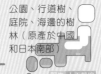
公園、行道樹、庭院、海邊的樹林（原產於中國和日本南部）

野生　人工栽培

搭乘飛船的組員，嚐起來是咖啡味

　　梧桐別名青桐、桐麻樹等等。梧桐科在全世界有 70 個屬，大約有 1500 種植物，在台灣有 12 屬，21 種，因樹形美，所以非常適合當成綠化觀賞樹。此外，梧桐也因材質共鳴度很好，所以有許多的樂器都是以梧桐木製作而成。梧桐的果實很有特色。果實的形狀像一艘扁平的小船，幾顆種子就像乘客一樣排排坐，轉啊轉啊的在空中飛舞。據說梧桐的種子在戰爭時被當作咖啡的替代品，做法是先烘炒再沖泡成飲品。

成熟的茶色果實。在樹下可以撿到掉落的果實

裂到葉子中央，形成很粗的叉形

公園裡已結果的梧桐。開的是奶油色的小花（P.23）

梧桐號

葉 3～5 裂，直徑 20～35cm

（50%）

綠色的樹皮有縱紋。老樹的樹皮會變成灰色

果實如果從高處掉落，會一直旋轉很有趣

果實。小船形狀的果實邊緣，長著 1～4 顆圓圓的種子

不分裂葉 邊緣分裂

葉緣平滑
（邊緣有鋸齒）

互生

落葉樹

野桐

大戟科野桐屬
英語名：Mallotus

別名：御菜葉　相似的樹：紫花　泡桐（P.190）、紅背山麻杆、油桐、瓜木

花實 ▶ 1 2 3 4 5 6 7 8 9 10 11 12　出現處 街中 ★★　野山 ★★★

小喬木

路旁、草叢、
雜木林、山地

2～12m

野生　人工栽培

幼株。枝端的芽是紅色，周圍的葉子聚集著螞蟻

變色葉是顯眼的黃色。倒三
角形的樹形。果實的顏色接
近茶色（P.26）

樹皮有縱裂直紋，等到樹幹
變粗，直紋會變成縱長的菱
形紋路

使用甜點
引誘螞蟻前來的樹

　　野桐的新芽顏色泛紅，和槲葉一樣以前也常用來包裹食物。它最喜歡日照充足的環境，經常可在路旁的草叢和公園的角落等處，看到野生的幼株。若仔細觀察幼株，不難發現葉子基部有一個會分泌蜜汁的點（蜜腺），會吸引螞蟻前來舔拭。為什麼呢？因為嗜甜如命的螞蟻，會化身為守護者，替樹趕走毛蟲等害蟲。幼株的葉子3裂，但成為大樹後，長的都是不會分裂的葉子，而且也停止分泌蜜汁了。大概是已經可以自立自強了，所以不需要向螞蟻繳保護費了。

葉長 10～20cm，幼株
的葉緣有鋸齒

成株的葉子
不會分裂，
葉緣也沒有
鋸齒

蜜腺消失

幼株的
葉子
（50%）

這一對平坦的圓形
蜜腺，基本上隨時
都有螞蟻停駐

成株的葉子
（50%）

泛紅的葉柄長，
長著砂粒狀的毛

你只是白招
螞蟻過來…

三椏烏藥

英語名：Blunt-lobed spice bush

樟科釣樟屬

灌木

雜木林、山地、庭院

別名：鬱金花、白野萵苣　相似的樹：釣樟的一種（日文漢字為白文字）、三菱果樹參

花實 ▶ 1 2 3 4 5 6 7 8 9 10 11 12　出現處 街中 ★　野山 ★★

2～5m

野生　人工栽培

不分裂葉　邊緣分裂

葉緣平滑

互生

落葉樹

葉子分成前端分叉的匙形和一般匙形

　　大家有看過前端是叉子設計的湯匙嗎？以前經常可以看到用這種湯匙。三椏烏藥的葉形，就像前端分叉成鈍叉子的湯匙。也有點像超商提供的免洗湯匙呢。同屬於釣樟屬的白文字，形狀也像前端是叉子的湯匙，指差異在於比較尖。這兩種共同的特徵是同時會出現裂葉和不分裂葉。春天開的黃花和秋天的黃色變色葉也很美麗，所以最近也被當作庭木栽培。

三椏烏藥的變色葉是鮮黃色，在雜木林中相當耀眼

三椏烏藥的花。在新葉長出之前的早春開花，很顯眼

雌株在秋天結果，成熟時從紅色轉為黑色

前端圓鈍

（70%）

前端分叉為叉狀的湯匙

前端較尖

有圓形的袋子

變色葉（70%）

↑三椏烏藥→

葉長 5～15cm。不分裂的葉子是心形

背面

↑釣樟之一→

葉長 7～12cm。果實是黃綠色。白文字的名稱源自樹幹顏色偏白

北美鵝掌楸

木蘭科鵝掌楸屬
英語名：Tulip tree

喬木

公園、行道樹
（原產於北美）

日文別名：半纏木　相似的樹：懸鈴木（P.181）

花實 ▶ 1 2 3 4 5 6 7 8 9 10 11 12　出現處 街中 ★★　野山

10～25m

野生 人工栽培

花朵的顏色是黃、橘、綠色相間，各位覺得葉子的形狀像衣服嗎？

看起來就像晾了很多衣服

　　北美鵝掌楸最大的特徵是 4～6 裂的葉尖有些凹陷，形狀有點像一件 T 恤，和其他樹都不一樣。看著從樹上垂下來的葉子，有點像樹上晾了很多件衣服。到日本時可以看到有人會穿上一種防寒衣和祭典時的衣服叫做「半纏」，所以替了取了半纏木的別名。順帶一提，它的樹會長得非常高大，想必衣服晾在上面應該很快就乾了吧。在高高的枝頭上，開著外型與鬱金香相似的花，色彩鮮艷。

變色葉
（20%）

果實看起來像一朵茶色的花，到了冬天會裂開，隨風飛散

半纏

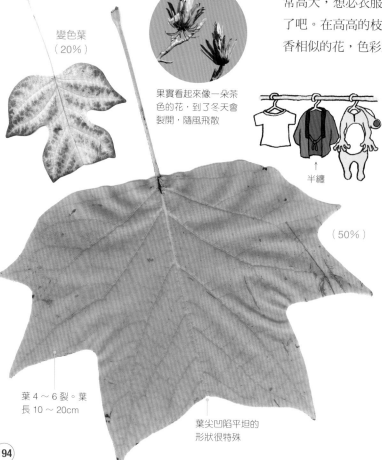

（50%）

葉 4～6 裂。葉長 10～20cm

葉尖凹陷平坦的形狀很特殊

大多為縱長的樹形，在秋天轉為黃色的變色葉很美

樹皮是暗茶色，縱裂

銀杏

日文漢字：銀杏、公孫樹　英語名：Ginkgo

銀杏科銀杏屬

別名：公孫樹　相似的樹：沒有特別相似的樹

花期 ▶ 1 2 3 4 5 6 7 8 9 10 11 12　出現處 街中 ★★★ 野山

喬木

10～30m

行道樹、公園、寺廟、神社（原產於中國）

野生　人工栽培

不分裂葉　邊緣分裂

葉緣平滑

互生

落葉樹

賞銀杏不必到日韓，台灣就有銀杏黃金隧道！

　　銀杏具備強大的淨化空氣的能力，在南投鹿谷鄉的大崙山就有金黃色的銀杏步道！不僅如此，如果要比較哪一種黃色的變色葉最美，它應該也稱霸群樹吧。雖然銀杏是如此優秀，可惜有一個難以啟齒的煩惱。那就是它的果實很臭，臭得像大便。因為如此，所有的行道樹幾乎清一色都是雄株。銀杏的果實稱為白果，可以食用，所以有些人專程到公園和神社撿拾臭臭的果實。葉子為扇形，有裂葉，也有不裂的葉子。

葉色開始轉黃的行道樹。樹形呈三角形

掉落在地面的銀杏果實。果核裡的果仁可以當作茶碗蒸的配料

結果的雌株。黃色的皮有臭味，如果碰到皮膚，有時候會腫起來

樹皮縱裂。從根部長出來的葉子的裂數較多

1 裂的葉子也多

（60%）

變色葉

這是銀杏果實的味道！

會開花和結果的枝條，長的大多是不分裂的葉子

長得茂密的枝葉，葉裂次數多、裂得深的葉子也多

落葉‧背面

三菱果樹參

五加科樹參屬
英語名：Ivy tree

小喬木
2～8m

庭院、公園、行道樹、神社樹林、海邊的樹林

野生 人工栽培

日文別名：三手　相似的樹：白文字（P.193）、樟樹（P.152）、八角金盤（P.183）

花實▶ 1 2 3 4 5 6 7 8 9 10 11 12　出現處 街中 ★★　野山 ★★

不分裂的葉子和 3 裂葉交錯生長。花朵是黃綠色（P.22）

所謂的「隱身蓑衣」，就是現在的「隱形斗篷」

　　在日本有隱形斗篷之稱是源自葉子的形狀和描繪在和服等傳統器物的經典圖案「隱蓑」很像。所謂的隱蓑，就是穿上即可隱身的蓑衣（用稻草等製成的雨具）。當然這是想像中的產物，並不存在於真實世界。不過隱身蓑衣的概念對各位應該並不陌生，因為它就類似『哆啦A夢』和『哈利波特』裡的「隱形斗篷」。葉形的特徵是 3 裂葉，不過變異的葉子很多，在幼株時期裂得很深，但長成大樹後都不分裂的葉子愈來愈多。它在陰暗處也能順利生長，老葉在秋天會變色。

當作行道樹種植的三菱果樹參。容易發展為倒三角的樹形

果實成熟時會變成黑紫色。開花結果的枝條，長的大多是不分裂的葉子

這就是隱蓑

三菱果樹參的幼株。也有深裂的 5 裂葉

3 條很明顯的葉脈

背面（30%）

「一系列珍寶（Takara zukushi）」匯集古時各種寶物的紋樣

也有 2 裂的葉子

雖然是常綠樹，但變色葉也很漂亮

葉長 7 ～ 15cm。兩面都有明顯的光澤

（50%）

變色葉（30%）

菱葉常春藤

五加科常春藤屬
英語名：Ivy

藤本植物

庭院、公園、雜木林、山地、神社樹林

0.3～10m

野生 人工栽培

主要種類：木蔦（又稱冬蔦）、洋常春藤、加拿列常春藤　別名：百腳蜈蚣、Ivy、Hedera

花實▶ 1 2 **3 4 5 6** 7 8 9 10 11 12　出現處 街中 ★★★ 野山 ★★★

不分裂葉 邊緣分裂

葉緣平滑

互生

常綠樹

經常匍匐在我們腳邊，充滿光澤的蔓藤

　　3～5 裂的葉子是它的特徵。外型和葡萄科的地錦（P.176）相似，只是樹幹會長得更粗，又稱為常春藤。常春藤最常做為綠籬、吊盆，是觀賞性極高的植物。原生種的菱葉常春藤，大多匍匐在樹幹，即使近在我們的腳邊，也很容易被忽略。不過當我們走在市區，不論是匍匐在地面或牆壁，看起來充滿光澤的常春藤，大多是原產於國外的洋常春藤或加拿列常春藤。這兩種有許多葉形和葉色不同的品種，因為都屬於常春藤屬，有時會用學名「Hedara」或英文名稱「Ivy」稱呼。

種植在大廈的庭院裡，色彩各有不同的洋常春藤

爬上綠化牆面的加拿列常春藤，屬於大型葉

爬上柳杉的野生菱葉常春藤，從藤蔓長出氣根

←加拿列常春藤
原產於北非的加納利群島。葉片一般是淺淺的 3 裂，長 8～20cm。葉柄非常長。

↓菱葉常春藤
葉 3～5 裂，或者不分裂。長 4～9cm。背面有茶色的斑點

這 3 種都具備強烈的光澤

（50%）　（50%）

背面

（50%）

這是斑葉品種

←洋常春藤→
原產於歐洲～西亞。以 3～5 裂葉居多，但色彩和葉形因品種而異，相當多變。葉長 3～12cm。背面有毛。

果實是黑紫色

邊緣分裂

葉緣平滑

互生
束狀

常綠樹

棕櫚（總稱）

棕櫚科棕櫚屬
英語名：Windmill palm

小喬木

庭院、公園、行道樹、住家附近的樹林（原產於中國和九州南部）

主要種類：垂葉棕櫚、棕櫚　相似的樹：壯幹棕櫚、矮棕竹、加拿列海棗、凍子椰子

花費 ▶ 1 2 3 4 5 6 7 8 9 10 11 12　出現處 街中 ★★　野山 ★★

3〜10m

野生　人工栽培

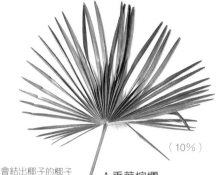

（10%）

會結出椰子的椰子樹，也可以種植在沖繩以南的地區喔

↑ 垂葉棕櫚
種植在公園和庭院。也有野化的個體生長在雜木林和柳杉林，分布的地區最北可到仙台一帶。葉的直徑 50〜80cm。

葉柄基部長著纖維狀的長毛

生長在熱帶及亞熱帶國家棕櫚科的植物非常多

　　棕櫚科的植物大多生長在熱帶地區，由於植株的外型上非常優美，葉子及果實的顏色又有許多變化，所以現在也是重要的景觀植物之一。其中以垂葉棕櫚樹特別多，甚至在都市周邊的樹林也野化得非常徹底。棕櫚樹的特徵是手掌大小的巨大葉片，以及多毛的樹幹。樹幹上的毛可以用來製作棕櫚繩和棕櫚刷。除了與其相似的棕櫚樹，高大的壯幹棕櫚、擁有大型羽狀葉的加拿列海棗、凍子椰子都有人種植。

垂葉棕櫚的樹形。葉子自然下垂

棕櫚的葉子質地堅硬，大多被當作庭木種植

壯幹棕櫚（壯幹華盛頓椰子）

加拿列海藻的葉子非常長

垂葉棕櫚的樹幹。表面被纖維所覆蓋

即將開花的垂葉棕櫚的雄花

矮棕竹的高度約 3m

凍子椰子（布迪椰子）

198

七葉樹

無患子科七葉樹屬
英語名：Horse chestnut

喬木～小喬木

行道樹、公園、
庭院、溪谷、
山地

5～30m

野生 人工栽培

掌形葉

主要種類：日本七葉樹、紅花七葉樹、歐洲七葉樹（別名馬栗）

花寶 ▶ 1 2 3 4 5 6 7 8 9 10 11 12　出現處 街中 ★★　野山 ★★

邊緣有鋸齒

對生

落葉樹

不論葉子、花、果實、樹幹通通都是大尺寸

七葉樹給人的第一印象就是：好大的樹。野生的個體在深山沿著谷地生長，會長成雄偉的大樹。初夏綻放的圓筒形花序，看起來像一支巨大的霜淇淋。秋天會結出大顆的圓形紅色果實，只要先去除澀味，就可以加工為七葉樹麻糬食用。它巨大的葉子常被誤以為是厚朴（P.127），不過差異在於，七葉樹的小葉通常有 7 片，而且排列起來的形狀像手掌，全部合起來剛好是一個坐墊的大小。因為體型太大，所以市區比較種的是小型的園藝種和紅花七葉樹。

七葉樹。長 20～30cm，朝上長的花穗上長著白花

葉緣的鋸齒既小又鈍

（30%）

野生的七葉樹的變色葉是深黃色，相當美麗

果實的果實直徑約有 5cm。果肉吃起來類似栗子

葉緣
（30%）

↑ 紅花七葉樹
開紅花的小喬木。是原產於歐洲的歐洲七葉樹和紅花七葉樹的雜交種，小葉 5～7 片，葉緣有大小兩層的鋸齒

七葉樹 ↑
生長在寒冷地區的喬木。有時會被當作行道樹，或者種植在公園

小葉通常有 7 片，長度可達 20～40cm。小葉沒有葉柄

199

漉油

五加科人參木屬
英語名：Chengiopanax

小喬木
5～15m

山地、
雜木林

日文別名：金漆　相似的樹：鷹爪、疏刺五加、日本七葉樹（P.199）

花費▶ 1 2 3 4 5 6 7 8 9 **10 11** 12　出現處 街中　野山 ★★

野生 人工栽培

變色葉是淡黃色。也結果了。樹皮的顏色偏白，質地
光滑

變色時，葉子被染成一片檸檬黃的山菜女王

日文別名金漆，源自樹液經過濾後得到的油脂（金漆），可以當作防鏽漆使用。葉子有 5 片小葉，呈一個很大的手掌形，到了秋天，葉子會變成檸檬黃～接近白色的黃色，獨特的色彩相當引人注目也是大受歡迎的山菜，甚至被譽為「山菜女王」。新長出的嫩芽不論是油炸或做成涼拌菜都很美味，且香氣十分濃郁。同為五加科，且外型相似的鷹爪、疏刺五加，也都可以當作山菜食用。

白色～黃綠色的花朵聚生成團。

如果要當作山菜食用，照片中的嫩芽有點太老了

←疏刺五加
五加屬的灌木。生長在山野。有 5 片小葉，長 2～7cm。枝帶刺
（40%）

3 種的葉子撕開後都會散發五加科特有的山菜香氣

有不明顯的鋸齒

←鷹爪
英葉五加屬的小喬木。鷹爪之名源自冬芽的形狀像鷹爪。有 3 片小葉，長 5～12cm。變色葉是黃色
（40%）

↑漉油
有 5 片小葉，長 10～20cm

開始變色的葉子
（40%）

鵝掌藤

五加科南鵝掌藤屬
英語名：Umbrella tree

灌木

庭院、公園、圍籬（原產於台灣、海南島）

1～5m

野生 人工栽培

總稱：Schefflera　相似的樹：鵝掌柴、澳洲鴨腳木、日本大葉傘、石月

花 ▶ 1 2 3 4 5 6 7 8 9 10 11 12
實 ▶ 1 2 3 4 5 6 7 8 9 10 11 12

出現處 街中 ★★ 野山

掌形葉

葉緣平滑

互生

常綠樹

在台灣隨處可見的
觀葉植物

　　原本園藝界對鵝掌藤的認知是室內觀葉植物，但現在在室外也經常看到它的身影了。意思就是原本只能在室內栽培的熱帶植物，開始把生長範圍擴大到室外了。葉形是由充滿光澤的小葉所組成的手掌形狀，極具有辨識性，另外還有斑葉品種。南鵝掌藤屬的成員，鵝掌藤在台灣有29種之多，鵝掌藤因為葉子的形狀很像鵝的腳掌，因而得名，這種形狀的葉子稱為掌狀複葉，是主葉脈連接的方式，就像手掌張開般。只要稍加注意就能在公園綠地或人行道旁看到它。

種植在東京小巷裡的鵝掌藤

但成熟時，果實會從黃橘色轉為紅色再成為黑紫色

以「Schefflera」和「Kapok Hong Kong」販售的觀葉植物名聲響亮

質地平滑
有光澤

有葉尖較尖的品種，也有較圓的品種

（50%）

小葉·背面（50%）

←鵝掌藤
小葉7～10片，長6～12cm

外面也很溫暖，我要離家出走啦！

外型與木通相似，差異在葉片更綠更為厚實

石月↑→
木通科野木瓜屬的蔓藤植物。生長在溫暖地方，有時被當作庭木栽培。會結紫紅色的圓形果實，白色的果肉可食。小葉5～7片，長5～10cm。背面的網紋很明顯

長長的葉炳

（30%）

木通

木通科木通屬
英語名：Akebi

藤本植物　草叢、雜木林、山地、圍籬

主要種類：五葉木通、三葉木通　相似的蔓藤：石月（P.201）、虎葛

花實 ▶ 1 2 3 4 5 6 7 8 9 10 11 12　出現處 街中 ★　野山 ★★★

3～15m

野生 人工栽培

葉緣平滑
（邊緣有鋸齒）

互生

落葉樹

五葉木通的花。紫色的大型花是會結果實的雌花

如果剛好遇到啪一聲裂開的果實就算你幸運

　　說到木通，它可是秋天令人垂涎的森林美食。即使在市區的草叢也經常能發現它的身影；果實長約 10cm 左右、形狀類似芋頭的紫～白色果實只要成熟，就會自動裂開。口感香甜濃郁，在野生果實中屬於最頂級的美味，連動物也很愛吃。木通是有 5 片小葉的蔓藤植物，可惜的是，想要品嘗美味的果實需要多費點功夫，因為它的果實都長在高處。外型相似的三葉木通的果實同樣可以食用，差異在於小葉是 3 片。生長在草叢的虎葛也是有 5 片小葉，但科屬完全不同。

結出紅紫色果實的三葉木通。每個果柄結 1～4 顆果

裂開的木通果實。中央的白色部分是果肉，籽很多

（50%）

葉子大多有鈍圓的鋸齒

三葉木通→
小葉有 3 片

為了採到果實，鳥類與動物勢必得大戰一場

←虎葛
葡萄科的蔓藤植物，分布廣泛。花和果實都屬小型（照片）

葉緣沒有鋸齒

（50%）

五葉木通→
小葉長 3～10cm

從同一處長出 5 片小葉

葉緣有鋸齒

長出小葉的位置分開

（50%）

野葛

相似的蔓藤：野毛扁豆、山葛

花實 ▶ 1 2 3 4 5 6 7 8 9 10 11 12　出現處 街中 ★★　野山 ★★★

1～12m

野生 人工栽培

三出複葉

葉緣平滑

互生

落葉樹

不要叫它植物界的人渣
人家可是最厲害的蔓藤

野葛是藤本植物善於攀附，枝葉會向著陽光充足的地方延展。在開花前，很難被注意到，但當紫紅色的花盛開之後，絕對能吸引到你的目光。它具備旺盛到足以覆蓋整個壁面的生育能力，堪稱地表最強的蔓藤植物。不論在草叢或是路邊，它都長得欣欣向榮，甚至連在都會區的空地，都能見識到它強大的攀爬能力。它的特徵是由 3 大片小葉組成的葉形，以及多毛的葉柄和莖。從粗粗的根部可以提取出一種名為葛粉的澱粉，製作成葛麻糬和葛湯享用。被引進到美國的野葛，因為大肆蔓延，當地也為了如何消滅它而傷透腦筋。

覆蓋整片草木的野葛。即使從遠處望去也認得出是野葛

葛湯。冬天喝可以讓身體暖起來

紫紅色的花在 9 月迎接盛開期，被列為秋天的七草之一

（50%）

小葉的個頭不小，長 10～15cm

背面（10%）
顏色是有點褐色的綠，有毛

葉子的邊緣大多出現少許裂痕

結出像毛豆一樣多毛的果實，成熟時顏色轉黑（P.26）

從粗粗的蔓藤冒出的冬芽，看起來像士兵的表情符號（意思是收到）

毒漆藤

漆樹科漆樹屬

英語名：Poision ivy

藤本植物

雜木林、植林地、山地、多岩石的山

0.5～15m

野生　人工栽培

總稱：漆樹　相似的樹：地錦（P.176）、三葉木通（P.202）、毛漆樹（P.224）

花寶 ▶ 1 2 3 4 5 6 7 8 9 10 11 12　出現處 街中　野山 ★★

邊緣有鋸齒
邊緣平滑

互生

落葉樹

匍匐在森林內地面的毒漆藤，特徵是有 3 片小葉

毒漆藤的變色葉爬上了柳杉的樹幹。紅色和黃色交織的色彩非常美麗

葉緣有鋸齒的葉子，和地錦的小型葉看起來簡直一模一樣

會引起紅腫的三大植物之一

　　毒漆藤應該可以列入因皮膚沾染到樹液而引起紅腫的前三名植物了。正如它的名稱所示，它屬於容易引起皮膚紅腫的漆樹科，和地錦一樣也是一種蔓藤植物。雖然它的知名度不高，但是數量卻是出乎意料地多；只要走進山裡，不久就可能發現它匍匐在柳杉林和松樹林的樹幹底部，或者攀附在樹幹上，不斷往上爬。另外，它還有最頂級的美麗變色葉，因此有些人在不知它有毒的情況下，忍不住伸手摘取。總之，各位看到有 3 片小葉的蔓藤植物要特別當心。大片葉子的葉緣沒有鋸齒，但小片的葉子有。

前端的小葉長
5～15cm

（70%）

爬到樹上的大多是葉緣沒有鋸齒的大型葉

匍匐在地面的幼枝大多是葉緣呈鋸齒狀的小型葉。和地錦不一樣，鋸齒形的前端不會呈絲狀伸展

小型葉
（80%）

折斷枝葉會流出白色的樹液，如果不慎接觸到皮膚會奇癢無比。樹液乾調會變黑

三大會引起紅腫，需要特別注意的樹（作者主觀判斷）

第 1
毒漆藤
大多在渾然不覺的情況下觸碰其葉

第 2
木曙樹
在市區也能生長

第 3
毛漆樹
廣泛分布在野山

胡枝子屬

豆科胡枝子屬
英語名：Bush clover

灌木
庭院、公園、原野、雜木林、路旁
1～3m

野生 人工栽培

葉緣平滑
互生
落葉樹

主要種類：毛胡枝子、胡枝子、短梗胡枝子、綠葉胡枝子、筑紫荻

花 ▶ 1 2 3 4 5 6 7 8 9 10 11 12
實 ▶ 1 2 3 4 5 6 7 8 9 10 11 12

出現處 街中 ★★　野山 ★★

1300 年前的人最熟悉的植物

　　胡枝子在秋天會開粉紅色的花，在日本為「秋天七草」之一。它會長出許多細長的分枝，為三出葉，是一種看起來像草的樹。在日本最古老（西元 700 年左右）的和歌集『萬葉集』中登場的各種植物中，胡枝子出現的次數最多。因此對古時候的日本人來說，和排名第二的梅花和排名第三的松樹相比，胡枝子應該是更為熟悉，更有親切感的植物吧。胡枝子喜歡日照充足的環境，不難想像它生長的地方，不外乎廣大的草原和一望無際的田地。種類很多，包括毛胡枝子、胡枝子、短梗胡枝子、綠葉胡枝子、筑紫荻等，想要一一正確區別有難度，不過最常被種植的是毛胡枝子。

盛開的毛胡枝子，樹形的特徵是樹枝垂得很長

毛胡枝子的花與葉，粉紅色的花因為變異，出現濃淡不一的情況

綠葉胡枝子的葉、花、果實。樹幹的直徑可達 3m 以上

短梗胡枝子的特徵是葉片渾圓，花朵緊貼著枝條

葉子變色為黃色的短梗胡枝子

葉尖一般是尖的

背面的顏色偏淺，毛多

（實物尺寸）

背面（實物尺寸）

葉尖通常都不尖銳

（實物尺寸）

背面有少許毛

胡枝子類的葉子大小有很多變異

背面

↑毛胡枝子
生長在本州～九州的山野，和名為白荻的開白花的品種都被當作庭木栽培。前端的小葉長 2～6cm

←↑胡枝子
生長在北海道～九州的山野。前端的小葉長 2～6cm

205

迎春花

木樨科素馨屬 灌木 庭院、公園（原產於中國）

主要種類：雲南素馨、迎春花　相似的花：胡枝子（P.205）、金雀花、小金雀花

花曆▶ 1 2 3 4 5 6 7 8 9 10 11 12　出現處 街中 ★★ 野山

（在日本的個體幾乎不會結果）

0.5～3m

野生　人工栽培

開花的雲南素馨，樹形的特徵是長長的枝條低垂

葉對生的是木樨科
葉互生的是豆科

　迎春花的特徵包括春天會開出醒目的黃色花朵，以及每片葉子由 3 片小葉所組成，同樣是開黃花，有 3 片小葉的還有豆科的金雀花和小金雀花。差異在於，相較於豆科植物是葉互生，而包含迎春花在內的大部分木樨科植物，則是葉對生。所以從葉片的生長方式可清楚區別，因為每一科葉片的生長方式幾乎是固定的。落葉樹的迎春花和常綠樹的雲南素馨都被當作庭木栽培，不過較為常見的是後者，台灣因氣候的關係，所以很少人種植。

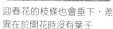

迎春花的枝條也會垂下，差異在於開花時沒有葉子

雲南素馨的花，花瓣多，看起來有兩層

←↓迎春花
原產於中國的落葉樹。匍匐在地面的樹形。前端的小葉長 1～4cm。花期 2～4 月

雲南素馨→
別名黃素馨，原產於中國雲南省周邊的常綠樹。樹高可達 2～3m。前端的小葉長 3～7m。花期 4～5 月

雖然是常綠樹，但葉子的厚度偏薄

背面

（實物尺寸）

葉對生

葉互生

（實物尺寸）　　（實物尺寸）

←↑小金雀花
豆科金雀花屬的落葉灌木，原產於地中海沿岸，時而被當作庭木種植，小葉的長度約 1cm，金雀花的特徵是只有 1 片小葉的葉子也多

眼藥之木

喬木
4～20m

山地、庭院、公園

日文別名：長者之木　相似的樹：梣葉槭、三手楓、省沽油

花實 ▶ 1 2 3 4 5 6 7 8 9 10 11 12　出現處 街中 ★　野山 ★

有益眼睛健康的茶是 3C 時代的視力救星？

又稱目藥之木。源自古時候的人很早就知道可以用把樹皮熬煮出來的汁液清洗眼睛，或者當作眼藥使用，甚至直接飲用。據說視力模糊不清時，飲用眼藥木的茶，有助消除眼睛疲勞，所以即使到了今天，藥妝店等通路依然有販售。對於整天盯著電腦螢幕或手機，導致用眼過度的現代人而言，應該是再適合不過的茶飲吧。以楓屬而言，它是難得具有 3 片小葉的種類；到了秋天，葉子會轉為美麗的鮭魚紅～紅色。偶爾有人當作庭木種植。順帶一提，梣葉槭也是有 3 片小葉的楓屬植物。

有些變色葉會轉為鮭魚肉的顏色

嫩果。和楓香樹（P.184～185）一樣都是螺旋槳形，體型碩大

開始變色的葉子帶有幾分紫色，色彩獨特

背面
（200%）
背面的葉脈上有很多剛毛

前端的小葉如果不是有裂痕，就是完全裂開

鋸齒大而圓鈍

（25%）

葉柄偏短，多剛毛

↑眼藥之木
小葉長 5～14cm，屬大型葉
變色葉（60%）

眼藥木的茶。用熱水沖泡磨碎的樹皮再飲用

↑梣葉槭
Negundo 楓。原產於北美。葉子有白點的品種被當作庭木栽培。

蓬蘽

薔薇科懸鉤子屬
英語名：Raspberry

灌木

草叢、路旁、雜木林、山地

10 ～ 70cm

野生 人工栽培

總稱：樹莓　相似的樹：薔薇莓、茅莓

花實 ▶ 1 2 3 4 5 6 7 8 9 10 11 12　出現處 街中 ★　野山 ★★★

長著果實的枝條的葉子較小，沒有果實的枝條葉子較大，有 5 片小葉

在 3 ～ 5 月開白花。花朵碩大，朝上挺立，看起來很顯眼

紅色的果實（聚合果）直徑約 1 ～ 2cm。可以食用

生長在我們周圍的環境像草一樣的樹莓

在種類繁多的各種樹莓（P.174）之中，距離我們最近，而且數量最多的應該就是蓬蘽吧。不論是住宅區的路旁或草叢、田地周圍、不是很茂密的樹林，都可以看到大量群生的蓬蘽。它的外型看起來像草，樹高也低，而且長得像雜草般茂盛，果實碩大，帶有些微的酸味，味道可口。葉子是由 3 片或 5 片小片組成的羽狀複葉，而且帶刺，如果貿然去抓，指頭會被扎得有點痛。同樣長得像草、也是樹莓之一的茅莓，一般是 3 片小葉。

前端渾圓

←↓茅莓
分布於全台。蔓性灌木，枝條和葉柄帶刺。偶爾有 5 片小葉的葉子。花朵為粉紅色（P.20）。果實的顆粒屬大型

（60%）

蓬蘽↓
長有果實的枝條，葉子有 3 片小葉

前端尖

（70%）

長著柔軟的毛

葉柄、枝條、葉片背面的葉脈長著小刺

背面
（40%）

葉柄的刺和毛
（200%）

薔薇（玫瑰）

薔薇科薔薇屬
英語名：Rose

灌木～
蔓藤植物
0.1～4m

庭院、公園、圍
籬、草叢、雜木
林、川原、山地

主要種類：薔薇、野茨（別名野薔薇）、木香花、光葉薔薇

花實▶ 1 2 3 4 5 6 7 8 9 10 11 12　出現處 街中 ★★★ 野山 ★★★

野生 人工栽培

羽形葉

邊緣有鋸齒

互生

落葉樹

別忘了美麗的玫瑰有刺

玫瑰雖美，奈何帶刺。這句諺語的意思是要提醒我們，有些女性雖然很美，但如果過於靠近會有危險。事實上，台灣的玫瑰品種大約有 60 幾種，以黛安納、佳娜紅最多。它們全部都帶有尖刺，而且長著羽狀複葉。在野山最常見的是野薔薇。至於人工栽培的薔薇，品種非常繁多，都是透過世界各地的野生薔薇雜交所培育而成的園藝薔薇。前述提到玫瑰都帶刺，唯一的例外是原產於中國，被當作庭木栽培的木香花，堪稱薔薇界獨一無二，沒有威脅性的美女。

野薔薇開的是白花，帶刺的蔓狀枝條伸得很長

野薔薇的果實。紅色的果實約直徑約 1cm。雖然有甜味，但吃了容易拉肚子

木香花的花是重瓣花，顏色是淺黃和白色。小葉 3～5 片

←薔薇↓
一般有 5 片小葉，體型大於野薔薇

園藝用的玫瑰花大多是重瓣花，顏色有紅、白、粉紅、黃色等

小葉前端不是渾圓就是尖銳，背面長有少許毛

初次見面♥

美女總帶著一股危險的氣息…

（60%）

（80%）

托葉是弓形

↑野薔薇
小葉 5～7 片。薔薇類會長出名為托葉的組織

托葉

玫瑰的刺

山椒

芸香科花椒屬
英語名：Japanese Pepper

灌木

庭院、田地、雜木林、山地

1～5m

野生　人工栽培

主要種類：山椒（別名胡椒樹）、翼柄花椒

花 實 ▶ 1 2 3 4 5 6 7 8 **9 10 11** 12　出現處 **街中 ★★**　**野山 ★★**

羽形葉

邊緣有鋸齒

互生

落葉樹

結出嫩果的山椒。開的是黃色的小花（P.21）

不受小朋友歡迎？
散發成熟香氣的樹

　　山椒的果實帶有強烈的氣味和辣度，也是日本七味粉（以辣椒為主的調味料）的成分之一。蒲燒鰻魚也會撒上磨成粉的山椒，當作提味之用，山椒葉是小型的羽狀葉，搓揉後會散發和果實一樣的強烈香氣。嫩葉被稱為「木之芽」，可以煮湯食用，是一種山菜。山椒的味道雖然不受小朋友歡迎，但是大人和鳳蝶的幼蟲都很捧場。枝條上有刺對生，樹幹的刺比較少，但會留下瘤，翼柄花椒的外型與山椒非常相似，差異在於前者的刺是互生，可以藉此區分。

紅色的果實成熟後會裂開，蹦出黑色的種子　　山椒的樹幹可以作成研磨芝麻的棒子（擂槌）

嫩葉（70%）

前端稍微凹陷

搓揉後會散發類似柑橘的強烈香氣

←山椒
有 5～9 對小葉。也有沒有刺的品種

有 6～12 對小葉，比山椒多

葉緣的鋸齒比山椒不明顯

（70%）

←翼柄花椒
香氣不如山椒，不食用

刺
（100%）
山椒的刺都是各兩支排列生長

1 個莖節長 1 支刺

（70%）

合花楸

薔薇科花楸屬
英語名：Rowan

小喬木

行道樹、山地、
公園、庭院

2～12m

野生 人工栽培

主要種類：合花楸、大果花楸　相似的樹：珍珠梅

花 實 ▶ 1 2 3 4 5 6 7 8 9 10 11 12　出現處 街中 ★★　野山 ★★

即使放進竈裡燒 7 次，還有剩餘，可作木炭

　　原產於日本的合花楸，日文稱做「七竈」，源自把它放進竈裡燒 7 次也燒不完的特性。現代的家庭已經不使用竈，所以很難體會這種說法，總而言之，合花楸的木材厚實堅硬，能夠成為上等的柴薪。生長在寒冷地區和深山的合花楸，果實和變色葉都非常美麗，所以在北海道等地區，成為被廣泛種植的行道樹。中型羽狀葉的葉緣呈細密的鋸齒狀，相當醒目。在溫暖地區被當作庭木的珍珠梅（珍珠梅屬）是原產於中國的灌木，果實會變成茶色，花朵和葉形也有稍有不同。

合花楸的果實從夏末開始變紅，到了冬天仍在

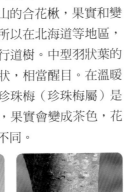

鋸齒雖小，
但很尖銳

（60%）

葉片染成一片鮮紅的合花楸行道樹

合花楸開的是小白花。各小花聚集成一平面

合花楸的樹幹。樹皮的顏色稍微暗沉，通常不會裂開

珍珠梅的花會形成三角形的花穗。葉片偏長（P.16）

竈

背面

小葉 4～7 對。
兩面都無毛，或
者背面長著茶色
毛

苦木

苦木科苦木屬
英語名：Nigaki

小喬木

雜木林、山地

3～10m

野生 人工栽培

相似的樹：野鴨椿（P.222）、合花楸（P.211）、漆樹類（P.224～225）、化香樹

花 實 ▶ 1 2 3 4 5 6 7 8 9 10 11 12　出現處 街中　野山 ★★

花是黃綠色的小花。零星分布在近郊的雜木林

咬下立刻恍然大悟
可製成腸胃藥的樹

它的花朵、果實、葉子通通看起來平凡無奇，但如果就此把它當作一種毫無特色的樹，那可就大錯特錯。不信的話，請你把葉子放進嘴裡咀嚼幾下，沒有別的味道，就是一個「苦」字，它的木材也是同樣的味道。磨成粉的木材稱為「苦木」，可以入藥，有些市售的腸胃藥和中藥都有添加。正如「良藥苦口」這句俗諺，很多苦的東西都可以當作藥，但是要注意的是，外型與它相似的漆樹類，皮膚若接觸到葉子容易引起發癢，請務必睜大眼睛仔細分辨。

肚子痛的時候…

胃腸藥

它和漆樹類不一樣，葉緣排列著細小的鋸齒

葉子咬起來非常苦

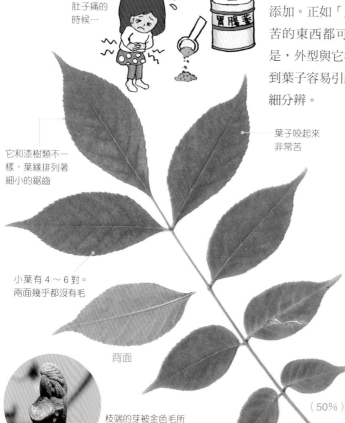

小葉有 4～6 對。兩面幾乎都沒有毛

背面

樹皮是偏黑的茶色，粗的樹幹縱裂。中間的木材可當作中藥材使用

枝端的芽被金色毛所覆蓋，形狀像拳頭，相當獨特

（50%）

雌株結紫～黑色的果實，但是很難發現

羅氏鹽膚木

漆樹科鹽膚木屬
英語名：Chinese Sumac

 小喬木 2～7m

 草叢、路旁、河原、雜木林、山地

野生 人工栽培

日文別名：附子木　相似的樹：毛漆樹（P.224）、水胡桃（P.215）

花實▶ 1 2 3 4 5 6 7 8 9 10 11 12　出現處 街中 ★　野山 ★★★

羽形葉

邊緣有鋸齒

互生

落葉樹

雖然不會游泳，但有鰭喔

　　羅氏鹽膚木的葉子，具備稀有的特徵，所以很容易辨識。它的葉子是羽狀葉，葉軸上長著形狀有如蝌蚪的葉子。這個形狀與鳥的翅膀、飛行機的機翼有些相似，所以被稱為「翼」。不過，羅氏鹽膚木既不會游泳也不會飛行。翼的存在大概是它想儘量擴張葉的面積，好讓自己吸收更多的陽光以便進行光合作用。它最喜歡光線充足的環境，所以向陽處的翼長得特別好。它畢竟是漆樹的成員，若不慎接觸到樹液，有時候會引起紅腫搔癢。

和我的尾巴很像耶！

葉軸長著翼的樹，另外還有胡桃楸（P.215）和竹葉花椒

長著鰭狀的翼

小葉 4～7 對

葉軸和葉柄大多會變紅

（50%）

長在田地側邊的羅氏鹽膚木的幼株

夏天白色的小花簇生

沾附在果實上的白色物質，味道鹹，可以當作鹽巴的代替品

葉子大多形成一顆顆的小突起。這是因為背面被蟎蟲寄生

羽形葉

邊緣有鋸齒

互生

落葉樹

胡桃

胡桃科胡桃屬
英語名：Walnut

喬木

河原、溪谷、
公園、田地

5～15m

主要種類：胡桃楸、胡桃（別名波斯胡桃、英國胡桃）

花 實 ▶ 1 2 3 4 5 6 7 8 9 10 11 12　出現處 街中 ★　野山 ★★

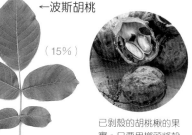

←波斯胡桃

（15%）

已剝殼的胡桃楸的果
實。只要用榔頭將殼
敲碎，就能吃到果仁

小葉 2～3 對，
葉緣沒有鋸齒

葉緣有細小的鋸齒，
背面長著黏毛

（30%）

胡桃楸 ↑
葉整體的長度是 40～
80cm。小葉 5～9 對

這是被我咬過
的樣子

做點心用的是波斯胡桃，野生胡桃是胡桃楸

　　說到胡桃，很多人對它的第一印象大
概是用於製造甜點和麵包的一種堅果，而
且很多店家也有單獨販售。那些都是原產
於歐洲的進口波斯胡桃，不過台灣也有不
少的野生核桃，別稱台灣胡桃。而名為胡
桃楸的野生胡桃，常見於中海拔山區。胡
桃楸的果實比波斯胡桃小，但只要剝開堅
硬的殼，還是吃得到裡面的果仁。有時在
胡桃樹下也會發現老鼠和松鼠把果仁挖掉
後殘留的空殼。葉子是體型相當龐大的羽
狀葉。

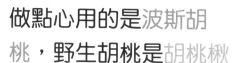

胡桃楸的樹形。橫向發展的大片葉子很醒目。花參照 P.21

胡桃楸果實的直徑約
4cm。成熟時轉為綠色～
茶色後掉落

冬芽和葉痕（葉子掉落的
痕跡）看起來像羊臉

水胡桃

胡桃科楓楊屬
英語名：Wingnut

主要種類：水胡桃、楓楊　相似的樹：胡桃（左）、化香樹

| 花 實 ▶ | 1 | 2 | 3 | 4 | 5 | 6 | 7 | 8 | 9 | 10 | 11 | 12 |

出現處　街中 ★　　野山 ★★

喬木　5～30m

溪谷、河原、濕地、公園

野生　人工栽培

羽形葉

邊緣有鋸齒

互生

落葉樹

雖然也是胡桃的一種，但結的是完全不同的果實

　　水胡桃的名稱源自這個族群都生長在水邊。雖然它們也是胡桃的一種，但果實的形狀像螺旋槳，而且個頭較小，生長成長串垂下，和我們常見的胡桃完全不同。不過，如果敲開水胡桃的種子部分（直徑約 7mm），果仁的味道吃起來和一般胡桃差不多。小歸小，還是胡桃沒錯。水胡桃在寒冷地區沿著谷地生長，很少有人種植。同為楓楊屬的化香樹，被種植在公園等處，有時在河邊可看到野化的個體。

小葉的前端很尖

前端有小葉

嫩葉（50%）

←水胡桃
總葉長 20～40cm，小葉有 4～10 對

葉子比胡桃楸的小一點，

小葉的前端稍微渾圓

前端大多沒有小葉

楓楊→
原產於中國。小葉有 5～11 對

背面

和羅氏鹽膚木（P.213）相似，軸上都長著鰭狀的翼

（50%）

長得很高的水胡桃

公園裡的楓楊

水胡桃的樹皮是淺色系，深縱裂

水胡桃已成熟的茶色果實。果穗達 40cm

楓楊的嫩果。和槭葉相似，也有螺旋槳形的翼

215

食茱萸

芸香科花椒屬
英語名：Prickly ash

相似的樹：臭椿（右）、山椒（P.210）、賊仔樹

花實▶ 1 2 3 4 5 6 7 8 9 10 11 12　出現處 街中　野山 ★★

喬木
5～15m

海邊的樹林、山地、雜木林、草叢
野生 人工栽培

奶油色的花朵密生

搓揉就會散發強烈的氣味

不要過來！

葉緣的鋸齒很小，不引人注意

利用強烈的氣味和狼牙棒武裝自己

　　食茱萸生長在海邊和日照充足的山地，樹枝大幅度地向外伸展，發展為倒三角形的樹形。長長的羽狀葉可達 80cm，如果用手搓揉，會散發有如芳香劑般的強烈氣味。樹枝和細幹長著尖刺，看起來有如日本傳說中的惡鬼所拿的狼牙棒，頗具威脅性。不論是尖刺還是強烈的氣味，應該都是植物為了防止草食性動物和蟲類靠近的防身武器。例如鳳蝶的幼蟲就會啃食它的葉子。為了自保，植物也必須和蟲類展開攻防戰呢。雖然人不吃食茱萸，但據說烏鴉很喜歡它的果實。

倒三角形的樹形。常見於氣候溫暖的西日本，數量很多

（50%）

即使是幼株，葉軸上也長著刺

這是幼株的葉子，所以是小型葉。小葉有 7～15 對

到了秋天會結出許多一大串的果實。葉子會變成黃色

樹幹。瘤狀突起上長著刺。樹幹如果變粗，只剩下瘤還在

臭椿

苦木科臭椿屬
英語名：Tree of heaven

日文別名：庭漆　相似的樹：食茱萸（左）、香椿

花實 ▶ 1 2 3 4 5 6 7 8 9 10 11 12　出現處 街中 ★　野山 ★★

喬木
7～20m

路旁、河邊、公園、住家附近的樹林　原產於中

野生　人工栽培

小葉有 10～20 對

背面

（33%）

搓揉後會散發類似芝麻的味道

小葉的基部有幾個圓鈍的鋸齒，背後有圓盤形的蜜腺

羽形葉

邊緣有鋸齒

互生

落葉樹

葉子的長度有1公尺，一點也不稀有的神木

撇開椰子樹不談，它的葉子非常的長。有些羽狀葉最高可達 1m。因為成長神速，似乎可以一路長到天國，所以又稱為「神之木」「天國之木」。原產於中國，以前的人種來養蠶，或者當作行道樹。數量也隨著野化增加了。直到今天，在空地和鐵軌沿線等光線明亮的地方，還是經常可以看到。想當然，它已經是一點都不尊貴的「神明」了。

種植在路旁花圃的幼株。長長的葉子引人注目

結了紅色嫩果的雌株。花朵小又白（P.23）

樹皮的顏色明亮，有縱向的小皺褶

果實平坦，成熟變成茶色後會隨風飄舞

217

苦楝

棟科棟屬

英語名：Chinaberry

別名：苦苓　相似的樹：欒樹、山菜豆、無患子（P.226）

花實 ▶ 1 2 3 4 5 6 7 8 9 10 11 12　出現處 街中 ★　野山 ★★

喬木

5～15m

寺廟、神社、庭院、公園、行道樹、海邊的樹林

野生　人工栽培

羽形葉

邊緣有鋸齒

互生

落葉樹

果實在冬天依然留在樹上，很醒目。橫向發展的樹形，樹皮縱裂

紫色和白色的花很美麗（P.21）

果實長度接近2cm。剖開裡面有星形的種子

幼齡樹的樹皮是暗茶色，佈滿了斑點（皮孔）

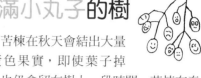

充滿小丸子的樹

苦楝在秋天會結出大量的黃色果實，即使葉子掉落，也仍會留在樹上一段時間。苦楝在春天時會有翠綠的新芽露出，並綴滿紫色的花朵，花謝了葉子變深綠的同時，會掛滿綠色果實，秋天落葉，冬天就會掛滿金黃色的果實，看起來就像小丸子。事實上，苦楝的果實可以製成治療凍瘡和肚子痛的藥，但也含有毒素。據說一次食用6～8顆就會喪命，算是有毒的丸子，真是可惜。不過，鳥類也吃它的果實，所以種植在寺廟等處的樹，靠著鳥兒傳播種子，也逐漸野化。葉子的形狀少見，羽狀排列的分枝，又各自長著羽狀排列的小葉。

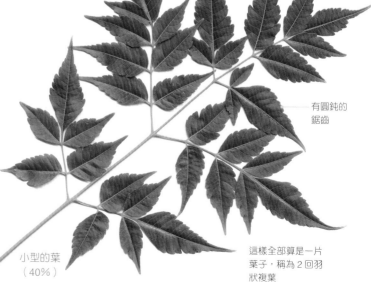

有圓鈍的鋸齒

小葉的背面（實物尺寸）

有些葉子有裂痕

小型的葉（40%）

這樣全部算是一片葉子，稱為2回羽狀複葉

楤木

五加科　木屬

英語名：Devi＇s walking stick

別名：刺楤　相似的樹：帝王大麗花、苦楝（左）

花實▶ 1 2 3 4 5 6 7 8 9 10 11 12　出現處 街中 ★　野山 ★★

低木

1～5m

ヤブ、道ばた、畑、庭、原野

野生　人工栽培

羽形葉

邊緣有鋸齒

互生

落葉樹

惡魔的枴杖
長著山菜之王

　　楤木的葉子是 2 回羽狀複葉，體型巨大，1 整片葉子的大小，相當於一張攤開的報紙，葉子到了冬天會全部掉光，只剩下筆直的樹幹，看起來像支拐杖。樹幹上長了許多尖刺，所以歐美稱之為「惡魔的枴杖」，在日本也有「鬼金棒」的別名。到了春天，拐杖的前端會冒出大大的芽，稱為「楤木芽」。油炸後香氣濃郁，非常可口，因此贏得了「山菜之王」的美譽。

冬天只剩下渾身是刺的樹幹

楤木芽

樹幹的刺多，葉子掉落的痕跡（葉痕）形成 V 字形

正值適合食用時機

被刺扎到會痛，所以田地會栽培沒有刺的品種，稱為 medara

（20％）

這樣全部是 1 片葉子

幼齡樹的葉子上側大多有長刺

羽形葉

邊緣有鋸齒

互生

常綠樹

十大功勞

小檗科十大功勞屬
英語名：Mahonia

灌木
0.5～3m

庭院、公園、
住家附近的樹林
（原產於中國）
野生　人工栽培

主要種類：十大功勞、湖北十大功勞、狹葉十大功勞、慈善十大功勞

花實 ▶ 1 2 3 4 5 6 7 8 9 10 11 12　　出現處 街中 ★★　　野山 ★
（※時期因種類而異）

基部的小
葉很小

十大功勞的花。
3～4月開花，會
散發甜蜜的香氣

葉緣的鋸齒
尖得像針，
碰到會感到
刺痛

（50%）

←十大功勞
有5～9對小葉

小葉
（60%）

葉片質地
堅硬，光
澤強烈

鋸齒很小，
碰到了也幾
乎不會痛

←湖北十大功勞→
原產於中國，10～12月
開花。樹高約1m。小葉
很細，有5～10對。日
文別名為業平柊南天

和柊樹幾乎一模一樣，但完全沒有親緣關係

　　葉緣銳利的葉子和柊樹（P.81）看起來如出一轍，但兩者的科屬完全不同。好比兩個長得很像的人，彼此卻毫無血緣關係。十大功勞和柊樹差異在於，它的葉形是由11片左右的帶刺小葉，排列成羽毛狀所組成一片葉子（羽狀複葉）。雖然它是常綠樹，但向陽的葉子在冬天常常會變成紅色。另外還有樹幹高大、花朵碩大的慈善十大功勞、同為十大功勞屬，葉子較細的狹葉十大功勞、葉子極細的湖北十大功勞也都有人栽培。花朵都是黃色。

十大功勞的樹高一般約
1.5m。花朵低垂

慈善十大功勞的樹高超過
2m。冬天開的是朝上的花
（P.21）

十大功勞的果實。黑紫色
的果實，表面被白粉覆蓋。
味道不佳

葉子在冬天轉為紅色的十
大功勞。到了春天又會恢
復成綠色

凌霄花

紫葳科凌霄花屬
英語名：Trumpet vine

藤本植物　庭院、公園、圍籬（原產於中國、美國等地）

主要種類：凌霄花、厚萼凌霄、洋凌霄

花▶ 1 2 3 4 5 6 7 8 9 10 11 12　出現處 街中 ★★ 野山

（※ 在日本幾乎不會結果）

2 ～ 7m　野生　人工栽培

羽形葉

邊緣有鋸齒

對生

落葉樹

橘色的喇叭花可列入盛夏最美的花前五名

　　如果要挑選出 5 種在盛夏綻放的美麗花木，筆者心目中的排行榜分別是百日紅、夾竹桃、木槿、芙蓉，以及凌霄花。凌霄花是蔓藤植物，會攀附在其他樹木的樹幹或圍牆，橘色的喇叭形花朵在相對花開較少的夏季相當吸睛，遠看會跟炮仗花混淆。特徵包括葉對生，是葉緣呈明顯鋸齒狀的羽狀葉。除了原產於中國的凌霄花，另外還有厚萼凌霄、以上述兩者的雜交種培育的品種，花色有紅也有黃。

有各種喇叭喔

葉脈凹陷，條條分明

有不規則的鋸齒

↑凌霄花
原產於中國。有 3 ～ 6 對小葉

（70%）

背面長著毛。凌霄花沒有毛

厚萼凌霄→
原產於美國。花色比凌霄花深，個頭較小，圓筒部分較長。小葉有 4 ～ 8 對

小葉‧背面（70%）

用凌霄花製成的拱門。即使從遠處看，花朵還是相當醒目

凌霄花的花。橘紅色的花朵直徑 6 ～ 7cm，相當碩大

樹皮的顏色明亮，縱裂剝落

野鴨椿

省沽油科野鴨椿屬
英語名：Korean sweetheart tree

小喬木

3～7m

雜木林、海邊の林
野生 人工栽培

別名：鳥腱花　相似的樹：接骨木、苦木（P.211）、日本梣樹（右）

花實 ▶ 1 2 3 4 5 6 7 8 9 10 11 12　出現處 街中 ★　野山 ★★

果實開始成熟的樹。黃綠色的花朵並不起眼

聞起來有屎尿味的樹

　　如果把樹枝折斷，拿到鼻子前聞一聞，有時候會覺得味道很臭。至於臭味的種類為何，從各地替它取的別名就可了解大概了。以下為各位列舉出幾種，包括小便樹、尿床樹、馬尿樹、貓糞樹、狗屎樹等，族繁不及備載。雖然這些形容詞很難聽，但我相信各位不難想像它的味道吧？說到日文名稱的由來，有一種說法是它的木材會散發難聞的味道，和同樣名為権萃的毒魚一樣，對人來說都是無用之物。但也有另一種說法是它的樹皮紋路和名為萃的魚身上的橫紋很像。說到羽狀複葉對生的樹，還有接骨木。

我的名字也是権萃，但我是魚

野鴨椿的果實成熟後會蹦出黑色的種子，這副模樣看起來有點像米奇

樹皮是偏黑的茶色，佈滿白色紋路
（50%）

表面有明顯光澤

葉對生，枝端長出洋蔥形的芽

↑ 野鴨椿
小葉 3～4 對，
長 3～10cm

小葉長
5～13cm

背面

背面

（25%）

←↑ 接骨木
五福花科接骨木屬的灌木。花是奶油色（P.22）。初夏結紅色的果實，可食用。小葉 2～6 對

光蠟樹

木樨科梣屬
英語名：Evergreen ash

相似的樹：青梻（日文別名：小葉梣）、日本梣樹、廬山梣、月橘

花費▶ 1 2 3 4 5 6 7 8 9 10 11 12　出現處 街中 ★★★ 野山 ★

小喬木
3～15m

庭院、商業設施、公園、行道樹（原產於沖繩～印度）

野生 人工栽培

羽形葉

葉緣平滑

對生

常綠樹

引起廣大旋風的
人氣第一的庭木

　　在日本光蠟樹的日文名稱島梣的「島」意味著南方島嶼，因為光蠟樹是一種分布在沖繩～印度的熱帶性樹木。它大概從 2000 年左右開始成為園藝界的新寵，不論是時髦的店舖還是新興的住宅社區的中庭等，到處都看得到它的身影，儼然是時下最受歡迎的庭木。至於受歡迎的理由，應該是相較於其他常綠樹，它細緻的羽狀葉，更能營造出明亮清爽的氛圍吧。另外，隨著近年來的地球暖化，它變得也能適應東京的氣候環境，也是一大主因吧。另外還有同為梣屬的青梻和日本梣樹，都分布在寒冷地區。

表面有光澤，質地平滑

（60%）

整理成從一根樹幹長出好幾株枝幹的樹形很受歡迎

光蠟樹的行道樹。開著奶油色的細小花朵

嫩果。成熟轉為茶色後會隨風飄散。表示野化也開始了

樹皮稍微呈鱗片狀脫落，形成茶色的斑駁模樣

小葉‧背面
（60%）

↑ 光蠟樹→
小葉 4～5 對，長 3～10cm。生長在寒冷地區的個體到了冬天會有約一半的葉子掉落

這是幼株的葉子。長成大樹後，小葉會變得更細長，但也更大

↑ 青梻樹→
生長在北海道～九州的山地。時而被當作庭木栽培。木材可製作成球棒。把樹枝浸泡在水裡，水會變成青綠色（照片）。小葉 2～3 對，長 4～10cm。花在 P.22

葉緣有鋸齒

有 5 片小葉的小葉子很多

（50%）

223

漆樹

主要種類：毛漆樹、漆樹、毒漆藤（P.204）　相似的樹：木蠟樹（右）、黃檗

花實▶ 1 2 3 4 5 6 7 8 9 10 11 12　出現處 街中　野山 ★★

葉子轉為黃色的毛漆樹的幼株。幼株的葉緣大多有鋸齒

紅色的變色葉就像警示燈，提醒你別碰

　　提醒各位一點，進入野山時，最需要小心的就是漆樹科的樹木。把它們的枝葉折斷，會從切口流出白色的樹液。如果不小心接觸到皮膚，有些人會覺得奇癢無比。其中，更需要當心的是常見於明亮山野的毛漆樹。長在紅色葉軸的羽形葉，大多集中在枝端。在秋天葉子會轉為黃色和紅色，雖然看起來很美麗，也是特徵之一，但奉勸各位最好把它當作危險警告燈。另外，以前的人為了收集樹液會大量栽培，但現在種植的人很少了。

沿著山路經常可見照片中的毛漆樹幼株

愈年輕的樹，葉緣愈有可能有少量鋸齒

毛漆樹↓→
小葉 4～8 對。兩面都有毛。漆樹的表面沒有毛

背面
（50%）

基部的小葉很小，明顯渾圓

葉柄和葉軸泛紅，也有長毛

（50%）

毛漆樹的花。黃～黃綠色的花簇生。果實是茶色

毛漆樹的變色葉。愈接近向陽處的顏色愈鮮豔。在背陰處的葉子是黃色

木蠟樹

漆樹科漆屬
英語名：Wax tree

羽形葉

主要種類：木蠟樹、野漆樹　別名：臭毛漆樹、蠟之木（日文別名）　總稱：漆樹 相似的樹：無患子（P.226）

花實 ▶ 1 2 3 4 5 6 7 8 9 10 11 12　出現處 街中 ★　野山 ★★

小喬木

雜木林、山地、草叢、海邊的樹林、庭院

3～12m　野生 人工栽培

葉緣平滑（邊緣有鋸齒）

互生

落葉樹

以紅葉和紅腫同時知名的蠟燭之樹

　　說到容易引起紅腫搔癢的樹，首推木蠟樹。我本身在小學的時候，也曾經是它的受害者，不但整張臉都腫起來了，而且奇癢無比。它的葉形是比野漆樹細一點的羽狀葉。到了秋天轉為鮮紅的變色葉，可說是數一數二的漂亮。在以往沒有電力和石油的年代，人們從木蠟樹的果實萃取出蠟，製作成蠟燭。因此，原產於沖繩的木蠟樹曾經以西日本為中心被廣泛栽培，目前已在溫暖地區普遍野化。台灣低中海拔地區可見。

木蠟樹的樹形。生長在明亮的地方，枝葉呈倒三角形往外擴展

←木蠟樹
小葉 4～8 對，形狀細長，無毛。木蠟樹的兩面都有毛

（50%）

具有光澤

葉子變色的木蠟樹。垂在後面的是果實（P.26）

木蠟樹開的是黃～黃綠色的花。葉子集中在枝端

木蠟樹和野漆樹的樹皮都是淺色系，縱裂

葉柄和葉軸有時帶有紅色

用力搓揉

上山時不小心摘了葉子

用手搓臉

隔天早上臉整個腫起來

（一個星期才痊癒）

搔癢發作的過程（筆者個人的經驗）

帶有白色

小葉・背面（50%）

無患子

無患子科無患子屬
英語名：Soapberry

相似的樹：木蠟樹（P.225）、黃連木、欒樹、荔枝

花期 ▶ 1 2 3 4 5 6 7 8 9 10 11 12　　出現處 街中 ★　　野山 ★

喬木

7～20m

神社、寺廟、庭院、公園、山地、谷地沿岸

野生　人工栽培

嫩果。圓圈內是冬天留在樹枝上的果實。葉子低垂

果實可當肥皂，
種子可當彈力球用力丟

　　無患子的果實就像多功能的遊戲球，玩法多樣。黃色的皮加水搓揉會起泡，可以當作肥皂的代替品使用，也可以拿來吹泡泡。以前的人把堅硬的種子當作毽子（P.97）玩，時到今天，把它拿來像彈力球一樣，用力往水泥地扔著玩應該也不錯吧。以前的人會在院子裡種植無患子，把果實當作清潔劑使用，也會把種子拿來榨油，或者製作成念珠。無患子在台灣非常常見，同時在東南亞依然在日常生活中發揮各種功能，也被當作洗髮精使用。葉子是大型的羽狀葉，沒有前端的小葉。

通常沒有前端的小葉（稱為偶數羽狀複葉的葉形）

小葉大多錯開生長

變色葉（35%）

小葉 4～6 對，長 7～15m 的大型葉。到了秋天葉子會轉為鮮黃色

種子（實物尺寸）

種子的彈性十足

種植在寺院裡的無患子。淺色的樹皮裂得不均勻

果實沾水搓揉會起泡

果實的直徑約 2cm，成熟時從黃轉為茶色。照片中的果實在樹下撿到的

紫藤

豆科紫藤屬
英語名：Wisteria

藤本植物　2～20m

公園、庭院、草叢、雜木林、山地

野生　人工栽培

主要種類：日本紫藤（別名多花紫藤）、山紫藤　相似的樹：盲藤、老荊藤
花實 ▶ 1 2 3 4 5 6 7 8 9 10 11 12　出現處　街中 ★★　野山 ★★★

羽形葉

葉緣平滑

互生

落葉樹

像蛇一樣纏繞，
有勒殺能力的蔓藤

從 3 月中下旬一直到 4 月初，可說是台灣紫藤花盛開的季節，就能發現到隨風搖曳且散發著淡淡清香的紫藤花海，從藤架上飄落的粉紫色花穗，有如童話故事般的夢幻。在距離市區不遠的樹林大多能發現它的蹤影。它纏繞在其他樹木藉以不斷往上攀爬的樣子，簡直像一條巨蛇，在高高的樹上綻放紫色的花朵。被紫藤纏住的樹木，因為樹幹被它侵入，不久就會枯朽，所以紫藤又有「絞殺植物」之稱。另一方面，它的花色（藤色）在古時候被視為最高貴的顏色，在庭院、公園、校園中庭等處，都搭設紫藤花棚架，作為觀賞之用。

有許多花從樹上垂下

紫藤花棚架

等到被蔓藤纏繞的樹木枯萎，它就會從樹木上纏繞其他棵樹。山紫藤纏繞的方向剛好相反

果實是巨大的豆莢形，到了冬天種子會從裡面蹦出來

小葉比日本紫藤的少，但稍微寬一點

葉緣稍呈波浪狀。背面長有少許毛

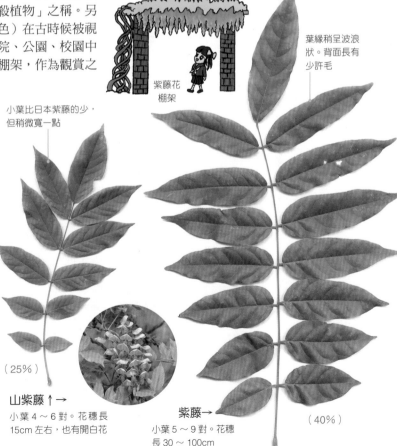

（25%）

山紫藤 ↑→
小葉 4～6 對。花穗長15cm 左右，也有開白花

紫藤→
小葉 5～9 對。花穗長 30～100cm

（40%）

227

槐樹

豆科槐屬、馬鞍樹屬

英語名：Pagoda tree,Amur maackia

主要種類：槐樹、朝鮮槐（日文漢字為犬槐）　相似的樹：刺槐（右邊）

花曆▶ 1 2 3 4 5 6 7 8 9 10 11 12　出現處 街中 ★★　野山 ★

喬木

行道樹、公園、寺院、神社、山地（原產於中國）

4～15m

野生 人工栽培

槐樹→

原產於中國的外來種。在中國被視為吉祥的樹。小葉5～9對

兩種小葉的葉尖都是尖的

（70%）

小葉的數量比槐樹少，但稍寬一些

↑朝鮮槐→

豆科馬鞍樹屬。生長在北海道～九州的在來種。小葉3～6對。樹皮帶有菱形紋路，時有淺淺的縱裂

（30%）

分為外來種的槐樹和在來種的朝鮮槐

　　槐的原產地分為中國的槐樹和日本原產（中國也有分布）的朝鮮槐。兩者的花、果實、葉子和樹皮都只是稍有不同，所以彼此經常被混淆。舉例而言，在以槐樹當行道樹的整條路上，卻只有一處重新種下朝鮮槐，以取代原本枯萎的槐樹，或是明明是以朝鮮槐的木材（色澤是獨特的暗茶色）製成的木工藝品，旁邊的介紹卻寫著「原產於中國的樹木」……。我們真的應該好好觀察樹木的特徵，掌握正確的名稱呢。

行道樹的槐樹，已經開花

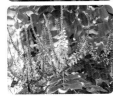

槐樹（上）的花朵是分開的，朝鮮槐（下）的是相連的

槐樹（上）的果實是細腰的葫蘆形，朝鮮槐（下）的是豆莢形

槐樹的樹幹明顯縱裂

刺槐

豆科刺槐屬
英語名：False acacia

別名：洋槐　相似的樹：槐樹（左）、相思樹（P.231）、紫穗槐

花實 ▶ 1 2 3 4 5 6 7 8 9 10 11 12　出現處 街中 ★★　野山 ★★

喬木　河原、路旁、公
園、海岸、山地
（原產於北美）
7～20m　野生 人工栽培

羽形葉

葉緣平滑

互生

落葉樹

相思樹的蜂蜜是假貨!?

　　以清爽不甜膩的滋味而飽受歡迎的「相思樹蜂蜜」，其實正確說來，是偽相思樹的花蜜。刺槐剛引進時，被稱為「相思樹」，但是等到正牌的相思樹被引進後，它就只能很委屈地在相思樹前加上一個「偽」字，不過有些地方還是沿用相思樹的名稱。刺槐的生育力旺盛，常當作綠化樹種植，範圍包括草木不生的山、林道、水壩等。之後隨著野化逐漸分布在台灣各地，它的小葉形狀渾圓，看起來討喜可愛。

初夏會開出大量的白花。群生的姿態很引人注目

白色的花朵像葡萄一樣垂下。可以油炸來吃

樹皮有縱向交叉的淺溝裂，一壓會凹陷

葉子基部有兩根刺。但也有沒有刺的品種

如果是假的，是不是就賣不出去了？

小葉的前端不尖銳，有些凹陷

（70%）

卵形的小葉有5～10對，顏色是明亮的黃綠色

合歡

豆科合歡屬
英語名：Silk tree

別名：夜合歡　相似的樹：相思樹（右）、藍花楹、銀合歡、含羞草

花實▶ 1 2 3 4 5 6 **7** 8 9 10 11 12　出現處 街中 ★　野山 ★★

小喬木

4～12m

雜木林、草叢、河川沿岸、公園、山地

野生 人工栽培

合歡是一種熱帶樹木，它的花朵也充滿熱帶風情

合歡樹的睡眠之謎

　　合歡葉的特徵是有如鳥羽般的細葉，大多生長在日照充足的山野，開出像絨球般的粉紅色花朵。它和葉子一摸就會閉合的含羞草同屬豆科植物；雖然合歡的葉子即使受到觸碰也不會閉合，但是只要光線變暗，葉子就會閉合，好像進入夢鄉（就眠運動）的特質。那麼，葉子關閉的真正原因是什麼呢？有關這點，各家的說法不一，包括為了防蟲、防止水分蒸發、防止寒害等，但至今沒有定論。由此可見，有關植物的未解之謎，尚有許多等待我們挖掘的真相。

含羞草→
豆科含羞草屬的草。原產於南美，被當作盆栽種植。葉子一被觸碰就會闔起來

一部分閉合的葉子。把葉子放進袋子等密閉空間，大約過了1小時就會閉合

合歡的樹形呈倒三角形。樹皮不會裂開，樹皮有疣狀突起的皮孔

小葉長 0.7～1.7cm。軸的前端沒有小葉

合歡→
有 15～33 對的對生小葉，再排列成羽狀，組成完整的一片葉子（2 回偶數羽狀複葉）

（60%）

嫩果。果實形狀為豆科植物特有的扁平豆莢形，成熟時轉為茶色

相思樹屬

豆科相思樹屬
英語名：Acacia

喬木～灌木　庭院、公園、綠化後的山（主要原產地是澳洲）

2～12m　野生　人工栽培

主要種類：貝利氏相思樹、銀荊、三角相思樹、珍珠相思樹、藍灌木相思樹

花實 ▶ 1 2 3 4 5 6 7 8 9 10 11 12　出現處 街中 ★★　野山 ★
（以貝利氏相思樹而言）

羽形葉
不分裂葉

葉緣平滑

互生

常綠樹

葉子長得密密麻麻，形狀奇特，顏色綠中泛白

　　相思樹以澳洲的乾燥地區為主要產地，分布的種類約有 1000 種，是一種充滿異國情調的樹。葉子長得密密麻麻，形狀是細羽毛形，顏色綠中泛白。葉形的變化很多，還有圓形、三角形、棒狀、鐮刀形等，可說是奇特葉形大集合。說到特殊的葉形，相思樹果然和同樣原產於澳洲的尤加利樹（P.148）有幾分相似呢。相思樹在日本大多栽培在時髦的西式庭園，或當作盆栽，最近有很多種類在市面上流通，包括名為「Mimosa」的貝利氏相思樹、銀荊等，大部分都是在春天開形狀渾圓的黃花。

（80%）

有圓盤形的蜜腺

（實物尺寸）

←貝利氏相思樹
長著小型的 2 回偶數羽狀複葉

（實物尺寸）

多花相思樹→
葉子有如棒子般細長，長 4～15cm

←珍珠相思樹
卵形葉，有毛，長 1～5cm

（實物尺寸）
↑藍灌木相思樹
葉子是鐮刀形，長 2～6cm

（實物尺寸）
↓三角相思樹
葉子是三角形，前端呈尖刺。

（80%）

←銀荊
葉形像合歡樹的細小版，是 2 回偶數羽狀複葉

種植在庭院的貝利氏相思樹

開花的珍珠相思樹

貝利氏相思樹的花。從寒冷的早春開始開花，非常顯眼

結出花苞的三角相思樹

南天竹

小檗科南天竹屬
英語名：Heavenly bamboo

灌木

庭院、公園、
神社、近郊的
樹林（原產於
中國）

1～3m

野生　人工栽培

相似的樹：苦楝（P.218）、十大功勞（P.220）、山菜豆

花實▶ 1 2 3 4 5 6 7 8 9 10 11 12　出現處 街中 ★★　野山 ★

相似的樹：苦楝（P.218）、十大功勞（P.220）、山菜豆

葉緣平滑

互生

常綠樹

果實無法食用，但可以製成止咳的藥物。也有白色果
實的品種

轉禍為福

　　南天竹的特徵是美麗的紅色果實和具
有光澤的羽形葉。在明清時期，他就被列
為古典庭園的造園植物，在秋冬時葉色會
變紅，結出成串紅果，所以也被視為賞葉
觀果的最嘉植物。尤其南天竹的形態優
雅，所以常被做為盆景或盆栽。因此從以
前人們就把它視為吉祥的象徵，認為它具
備消災解厄的力量，也經常種在院子裡。
把果實當作新年裝飾，以及把葉子鋪在送
禮用的紅豆飯的習慣，也沿用至今。雖然
南天竹是拜諧音所賜，才晉身為吉祥物，
但現在的科學家也從南天竹的枝葉發現具
備抗菌力和殺菌的物質，有此可見，我們
還是不能小看古人的智慧呢。

把南天竹的葉子放在料
理上，可達到防腐效果

樹幹像竹子一樣有節

長在前端的 3 片
小葉特別顯眼

院子裡開花的南天竹。也有
野化的個體

小葉長 2～9cm。
葉子特別小的另外
被稱為姬南天

（40%）

一片完整的葉
子由羽形葉再
排列成羽形所
組成

御多福南天竹的樹高約
30cm，葉子會轉為鮮紅

蘇鐵

蘇鐵科蘇鐵屬
英語名：Sago palm

灌木

庭院、公園、
寺廟、海岸

1～4m

野生 人工栽培

羽形葉

葉緣平滑

互生
束狀

常綠樹

相似的樹：棕櫚類（P.198）、桫欏

花實 ▶ 1 2 3 4 5 6 7 8 9 10 11 12　　出現處 街中 ★★　　野山 ★

南國的庭木是地獄之樹？

　　野生的蘇鐵，粗粗的樹幹上長著大型的羽形葉，外型與棕櫚相似，但其實是比較接近針葉樹的樹種。古代時曾被視為珍貴的樹，因此將軍的城堡和皇居都有種植。在日本的沖繩在大正年間面臨糧食短缺的問題時，有人把腦筋動到蘇鐵身上。他們把蘇鐵的果實和樹幹煮過，濾掉澀味後食用，沒想到很多人因此中毒身亡，形成了所謂的「蘇鐵地獄」的現象。洋溢著南國風情的蘇鐵，目前雖然成為常見的庭園樹木，但有時隨著時空的轉變，人們對它的評價與印象也可能截然不同呢。

葉尖尖銳，
被扎到會痛

背面
（實物尺寸）

（25％）

葉子長
約 1m

背面長著
茶色的毛

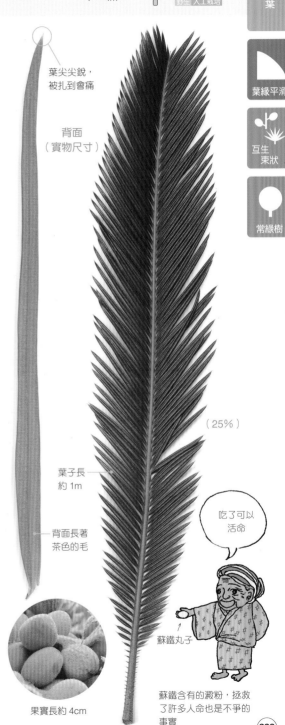

葉子又大又硬。樹幹的顏色是黑色，還留著葉子的基部

奶油色的雄花長達 50cm
以上，相當巨大

雌花是圓形，裡面會結出
橘色的果實

果實長約 4cm

吃了可以
活命

蘇鐵丸子

蘇鐵含有的澱粉，拯救
了許多人命也是不爭的
事實

233

雲杉

松科雲杉屬
英語名：Spruce

喬木

公園、庭院、行道樹、高山

3～30m

主要種類：歐洲雲杉、薩哈林雲杉、科羅拉多藍雲杉（Pungens 雲杉）、雲杉、蝦夷雲杉

花實 ▶ 1 2 3 4 5 6 7 8 9 10 11 12　出現處 街中 ★　野山 ★

野生　人工栽培

就是這個啦！

當作庭木的歐洲雲杉

咕咕鐘的鐘擺其實是雲杉的果實做的！

　　不曉得各位有沒有注意咕咕鐘下面的鐘擺？其實鐘擺的造型，源自歐洲原產的歐洲雲杉的果實（毬果），而且長度可達 10～20cm。雲杉雖然可當作聖誕樹使用，不過要找到體型大到會結果的個體並不容易。雲杉的成員都分布在寒冷地區，另外還有生長在高山的雲杉、蝦夷雲杉、薩哈林雲杉、原產於北美的科羅拉多藍雲杉等，不論哪一種，葉子的前端都很尖銳。

樹枝・背面（200%）
雲杉屬的特徵是有茶色的突起（葉枕）

←歐洲雲杉
別名挪威雲杉。葉長 1.5～3cm。樹枝沒有毛

葉子的表裡沒有區別

↓薩哈林雲杉
分布在北海道。有時也會種植在本州。葉長 0.6～1.3cm。果實在 P.27

樹枝・背面（200%）
樹枝上長著毛

（實物尺寸）

（實物尺寸）

果實垂下的歐洲雲杉

科羅拉多藍雲杉的葉子是灰綠色

冷杉

松科冷杉屬
英語名：Fir

喬木
10～35m

山地、多岩石的山、神社、公園、庭院

主要種類：冷杉、松柏、庫頁冷杉　相似的樹：日本鐵杉、雲杉（左）、日本欅樹（P.237）

花實 ▶ 1 2 3 4 5 6 7 8 9 10 11 12　出現處 街中 ★　野山 ★★

野生　人工栽培

當作聖誕樹的三角形樹木

　　聖誕樹通常選擇常綠樹，以象徵生命的永恆，而在聖誕樹的起源地德國，人們經常使用的是歐洲冷杉。有時也會選擇歐洲雲杉。大概是為了方便聖誕老人辨識，所以特別喜歡選用高大的樹吧。台灣在三千公尺以上的高山，是遍布著大面積的冷杉，因為質地輕軟，所以不僅是建築用材首選，同時也是紙漿的原料，用途可說很廣。

叮叮噹

喔，是這裡嗎！

羽狀葉

常綠樹

用冷杉製成的聖誕樹。它對空氣污染的抵抗能力不佳，所以很難在都會區生長

冷杉的果實。長度有 10cm 左右，成熟後會裂開

冷杉的樹幹。樹皮的顏色偏白，長成高大的個體，樹皮會呈龜甲狀裂開

（40%）

葉尖（200%）
前端分成雙叉，形狀尖銳。樹木上層的葉子，葉尖較圓，呈凹陷狀

背面有兩條淺淺的線（氣孔帶）

日光冷杉↓
生長在本州和四國的高山

冷杉長得很高大

↑冷杉↓
生長在高海拔山區。
葉長 2～5cm

樹枝上有毛

背面
（實物尺寸）

背後的線是白色，枝上無毛

紅豆杉

紅豆杉科紅豆杉屬
英語名：Yew

主要種類：日本紅豆杉、矮紫杉　　別名：紫杉、赤松柏　相似的樹：紅杉

花實▶ 1 2 3 4 5 6 7 8 **9 10 11** 12　出現處 街中 ★★　野山 ★

喬木～灌木

0.4～15m

圍籬、庭園、公園、神社、山地

野生　人工栽培

當作庭木種植的日本紅豆杉，大多被修剪得矮矮的

雖然是針葉樹，卻擁有柔軟的葉子和鮮紅的果實

說到針葉樹的特徵，不外乎葉子質地堅硬，果實的顏色黯淡不起眼，但紅豆杉卻完全相反；葉子不但很柔軟，鮮紅的果實也很搶眼，整體給人一種柔和的印象。果實有甜味，可以食用，但記得種子有毒，不要連籽一起吃。除了葉子呈羽毛狀、高大挺拔的紅豆杉，還有名為矮紫杉的變種，葉子呈螺旋狀生長，而且是灌木。雖然它們是生長在深山的樹，但兩者都被當作庭木和圍籬種植。最近也有人開始栽培原產於北美，外型與其非常相似的紅杉。

未經修剪，呈現天然樹形的紅豆杉。略顯凌亂

紅豆杉的果實。看得到一半的種子。會結果的是雌株

紅杉→

柏科紅杉屬的喬木，會長得極為高大。別名紅木、長葉世界爺。葉長 1～2.5cm

矮紫杉的枝葉

↓矮紫杉

生長在多雪的山地，樹高2m 以下。葉子呈螺旋狀生長，長 1～2cm。另有介於紅豆杉和矮紫杉的中間型

↓紅豆杉

葉子為羽狀葉，可以長得很高。葉長 1.5～3cm

枝端的葉子大多很短

用手捉握葉子也不會刺痛

背面

（實物尺寸）

紅豆杉的葉子背面是綠色

背面有兩條白線

（實物尺寸）

榧樹

紅豆杉科榧樹屬
英語名：Nutmeg yew

喬木～灌木

神社、雜木林、山地、庭院、公園

主要種類：日本榧樹、矮雞榧　相似的樹：柱冠粗榧、日本紅豆杉（左）、日本冷杉（P.235）

花實 ▶ 1 2 3 4 5 6 7 8 9 10 11 12　出現處 街中 ★　野山 ★★

1～15m

野生　人工栽培

樹枝聞起來
有葡萄柚的香氣

　　針葉樹都富含油脂，目的是避免樹木結凍。很多針葉樹的葉子都會散發香氣，其中又以榧樹的氣味極具辨識度。因為把它的樹枝折斷，會聞到一股葡萄柚的香味（就像葡萄柚的香料？）。不過它的葉子前端很尖銳，摸的時候要特別小心。柱冠粗榧的外型與其很相似，差異在於前者沒有這股香氣，而且葉子很柔軟。兩種都是樹幹直立的樹，但是生長在海沿岸山地的個體，樹幹因雪的重量而變得彎曲，長成高度 1～2m 的灌木。

榧樹的果實即使成熟還是綠色。樹枝也會散發同樣的香氣

↓柱冠粗榧

三尖杉屬的小喬木。葉子比榧樹長，長 2.5～4cm。果實為紅紫色（P.24）。長成灌木的個體稱為變種矮柱冠粗榧

握住葉子也不會痛

（實物尺寸）

掉落的果實。長得像杏仁的種子，炒過可以吃

通常會成為樹幹直立的大樹。樹皮縱裂

↓榧樹

葉長 1.5～3cm。長成灌木的被稱為變種矮雞榧

握住葉子會覺得刺痛

（實物尺寸）

夏

冬

雪

多雪的地區，兩種到了冬天都會被埋在雪下，只能長成灌木

折斷樹枝會散發葡萄柚的香味

背面
（實物尺寸）

背面有兩條白線。柱冠粗榧也是

水杉

學名：Metasequoia　英語名：Dawn redwood

柏科水杉屬

別名：曙杉　相似的樹：落羽松、水松

花實 ▶ 1 2 3 4 5 6 7 8 9 10 11 12　出現處 街中 ★★　野山

喬木

10～30m

公園、行道樹（原產於中國）

野生　人工栽培

羽狀葉

落葉樹

種植在公園的水杉林。葉子已開始變色

長出花芽的枝。葉子看起來像鳥的羽毛

樹皮縱裂，大多會形成凹凸不平的深溝

以「活化石」的身分重新復活的樹

　　Metasequoia 是一種在日本發現的化石的學名。它是一種原本以為已經絕種的樹，沒想到後來在中國的深山發現現存種。因此水杉有了「活化石」之稱，數量也不斷增加，目前在日本各地都有種植。它是少數的落葉性針葉樹之一，葉色明亮，到了秋天會轉為磚紅色。再加上樹形優美，所以成為頗受歡迎的行道樹。化石陸續在日本各地皆有發現，所以稱得上是完全復活了吧。外型與其相似的落羽松也有人種植。

葉和枝互生

（實物尺寸）

←↑水杉
果實是長度約 2cm 的毬果。葉長 1.5～3cm

（實物尺寸）

↑落羽松→
日文漢字為落羽松。柏科落羽松屬。原產於北美，多種植在公園和水邊，有時會從樹幹周圍長出直挺的呼吸根（照片）。葉長 0.3～2cm。又名落羽杉。果實是圓形（P.27）

黃綠色的葉子質地柔軟

枝和葉對生

背面

落羽松

松科落葉松屬
英語名：Larch

日文別名：富士松　　相似的樹：喜馬拉雅雪松（P.240）

花▶	1	2	3	4	5	6	7	8	9	10	11	12
實▶	1	2	3	4	5	6	7	8	9	10	11	12

喬木

7～30m

出現處　街中 ★　　野山 ★★★

植林地、山地、防風林

野生　人工栽培

針狀葉

簇生葉

落葉樹

每年秋冬，期待與落羽松相遇

　　時序進入秋冬，就是欣賞落羽松的好時機！這是因為落羽松會在秋冬時由綠轉紅，尤其到了歲末年終、一整片的落羽松林壯觀到讓人目不暇給，不禁令人感嘆，大自然的壯闊之美！在台灣落羽松主要分布在中北部以及東部，當然如果冬天有機會到日本北海道遊玩時，應該有很大的機會看得到。如果在雪中看到樹形是三角形，又沒有葉子的樹，十之八九是日本落葉松。葉子柔軟，有幾十支針葉成束生長。

落葉松林到了秋天，葉子變得一片鮮黃，再轉為茶色，非常美麗

變色的葉子。葉子掉落後會殘留瘤狀的短枝

野生的落羽松幼株

果實是長2～4cm的毬果。在秋天會長時間停留在成熟的枝條

滑吧！

冬天的日本落葉松

←落葉松↓
葉子不是成束，就是在枝上呈螺旋狀生長，長2～3cm

葉子柔軟，用手去摸也不會刺痛

（實物尺寸）

瘤狀的短枝有幾十支針葉成束生長

樹皮是茶紅色，呈縱向～龜甲狀裂開

（實物尺寸）

239

針狀葉

簇生葉

常綠樹

喜馬拉雅雪松

松科雪松屬

英語名：Himalayan cedar

別名：喜馬拉雅杉　相似的樹：日本落羽松（P.239）、日本五葉松（P.243）、黎巴嫩雪松

花 ▶	1	2	3	4	5	6	7	8	9	10	11	12
實 ▶	1	2	3	4	5	6	7	8	9	10	11	12

出現處 街中 ★★　野山

喬木

公園、行道樹、圍籬、庭院（原產於喜馬拉雅山）

10～30m

野生　人工栽培

野生在喜馬拉雅山海拔 1000～4000m 的岩石地帶

愈嫩的葉子，顏色越接近灰綠

嫩葉（實物尺寸）

距離比想像中更近的
喜馬拉雅山之木

　喜馬拉雅雪松生長在印度的深山，也就是世界全高峰聖母峰所在的喜馬拉雅山脈，所以被冠上喜馬拉雅之名。但令人出乎意料的是，它也經常出現在日本的市中心和校園。因為喜馬拉雅山的山麓，其實氣溫相當溫暖。雖然它的別名是喜馬拉雅杉，卻屬於松科；枝端下垂，葉子是灰綠色的針狀葉。它也會長出巨大的毬果，不過在 11 月左右就會破裂掉落。這時，只有果實的前端仍留著，形狀像玫瑰花，是很受歡迎的裝飾品。有興趣的人不妨找找看喔。

葉長 3～5cm，有幾十支針葉成束生長

掉落果實的前端部分（稱為 Cedar Rose）。周圍是雄花

（實物尺寸）

葉子很硬，戳到手會痛

公園裡的喜馬拉雅雪松，呈現天然的樹形

樹枝經過修剪的樹形

果實長約 10cm。都長在很高的枝頭，所以不容易發現

樹皮的顏色是暗茶色，呈縱向～龜甲狀裂開

240

日本柳杉

柏科柳杉屬

英語名：Japanese cedar

相似的樹：杜松、日本扁柏（P.246）、水杉（P.238）

喬木

植林地、神社、山地、公園、庭院、圍籬

10 ～ 40m

野生 人工栽培

| 花 ▶ | 1 | 2 | 3 | 4 | 5 | 6 | 7 | 8 | 9 | 10 | 11 | 12 |
| 實 ▶ | 1 | 2 | 3 | 4 | 5 | 6 | 7 | 8 | 9 | 10 | 11 | 12 |

出現處 街中 ★　野山 ★★★

壽命、高度、數量都是
日本第一

　　在鹿兒島縣屋久島被稱為「繩文杉」的柳杉，號稱樹齡 4000 年，是日本最長壽的樹。位於京都府，樹高約 60m 的柳杉，則是日本最高的樹。日本柳杉是日本數量最多的造林樹種。原因是它的成長速度快，而且木材的品質優良。但是，說到花粉症患者的過敏原，最大的元兇也是日本柳杉。不論是好是壞，日本柳杉都有很多個日本第一呢。如果日本的木材自給率（約 4 成）再往上提升，日本柳杉的數量也會因砍伐和被利用而減少花粉的產生吧。它的葉子是鐮刀形，在枝條上呈螺旋狀著生。

簇生葉

常綠樹

（實物尺寸）

果實在秋天成熟，但一整年都長在枝條上

日本柳杉→

葉長 0.5
～ 2cm

葉子有些彎曲，緊貼著枝條。用手戳也不太痛

高 60m！

高度相當於 20 層樓的大廈

葉長 1 ～ 2.5cm。
用手戳會痛

（實物尺寸）

人工種植的日本柳杉林。枝葉茂密，團團聚攏，樹形呈三角形

花粉從茶色的雄花飛散。最近也培育出無花粉的品種

茶色的樹皮縱裂。裂痕比柳杉的細

←杜松→

柏科刺柏屬的喬木～灌木。生長在土地貧瘠的樹林。外型與日本柳杉相似，但葉子筆直，而且每個節長出 3 片葉子。果實是灰綠色，成熟時轉為黑紫色。別名歐洲刺柏

松樹

松科松屬
英語名：Pine

喬木

庭院、公園、
海岸、行道樹、
植林地、
山地

主要種類：赤松、黑松　相似的樹：大王松（右）、日本五葉松（P.243）

| 花 ▶ | 1 | 2 | 3 | 4 | 5 | 6 | 7 | 8 | 9 | 10 | 11 | 12 |
| 實 ▶ | 1 | 2 | 3 | 4 | 5 | 6 | 7 | 8 | 9 | 10 | 11 | 12 |

出現處　街中 ★★★　野山 ★★★

5～30m

野生 人工栽培

松島の風景

兩針為一束的葉子是日本風景的象徵

一般稱為松樹的，分為樹幹偏紅褐色且多數生長在山地的赤松，以及樹幹顏色偏黑，多生長在海邊的黑松。松樹的特徵包括葉片為兩針一束、樹幹稍微彎曲、不對稱的樹形。另一項特徵是它是象徵日本風景的樹。舉例而言，有日本三景之稱的松島、天橋立、松島，都是松樹與海的風景。松樹是日本庭院的主角，到了新年，也少不了以門松裝飾家門。為了因應建築材料、燃料、海岸的防風等多種用途，日本各地都有松樹的人工造林地。

赤松→

分布在北海道～九州。葉長6～12cm，給人柔和的感覺，所以日文別名為女松、雌松。對空氣汙染的抵抗力較弱

用手戳也
不會痛

用手戳會痛

從赤松枝端長出的芽是茶紅色（左）。黑松的芽顏色偏白（右）

赤松的果實。松樹的果實稱為毬果，在秋天成熟，但整年都留在枝頭上

（實物尺寸）

（實物尺寸）

生長在松島公園的赤松

種植在城堡的黑松

嫩枝持續伸展，下面是開雄花的黑松

←黑松

葉長一般是10～15cm。因為葉子長，質地堅硬，又有男松、雄松之稱。對空氣汙染的抵抗力強，所以也經常種植在都會區

赤松的樹皮顏色偏紅，樹幹的上部經常剝落

黑松的樹皮顏色偏黑。兩種都呈龜甲狀剝落

五葉松

松科松屬
英語名：Five-needle Pine

喬木
2～30m

庭院、盆栽、公園、神社、寺廟、山地、岩石地帶

野生　人工栽培

主要種類：五葉松（姬小松）、北五葉松、紅松　相似的樹：偃松

花寶 ▶ 1 2 3 4 5 6 7 8 9 10 11 12　出現處 街中 ★★　野山 ★

針狀葉

簇生葉

常綠樹

也有樹齡超過 300 年的盆栽，要價超過台幣 100 萬

只要拔下五葉松的葉子，就會發現它的葉子是 5 針為一束。這也正是五葉松的名稱由來。野生的五葉松生長在深山，尤其是險峻的山脊，所以樹幹常常變得傾斜。基於樹形耐看、密集生長的短葉、成長速度緩慢，不容易長得高大的特質，五葉松成為很受歡迎的盆栽。在日本也有從江戶時代生長至今、樹齡超過 300 年的盆栽，要價超過台幣 100 萬，因此不時會發生竊盜事件。另外，在三針一束的三葉松當中，也有葉子非常長的長葉松。

（實物尺寸）

葉子的側面是白色的，所以整體看起來是灰綠色

↑ 五葉松

葉長 3～10cm。葉子較短，不到 6cm 的稱為姬小松（上圖）。6cm 以上的稱為北五葉松，兩者可清楚區分

我們是御用！

警棍

御用

（御用的日文發音同五葉）

五右衛門（大盜）

這盆五葉松我就帶走了！

日本產的松樹中沒有葉子是三針一束的種類

大王松的果實。長度可達 15～20cm，是可見於日本的最大等級的毬果

野生的日本五葉松

庭院的五葉松

五葉松的果實（毬果），鱗片張開

五葉松的盆栽。展現以小缽表現大樹的世界

（90%）

←長葉松→

原產於美國，種植在庭院、公園、寺廟。葉子每三針一束，長度 20～50cm

大王松的葉子看起來長長的往下垂

243

羅漢松

羅漢松科羅漢松屬
英語名：Buddhist pine

主要種類：犬槙、小葉羅漢松　相似的樹：日本金松、密花樹

花實 ▶ 1 2 3 4 5 6 7 8 9 10 11 12　出現處 街中 ★★　野山 ★

喬木

3～20m

庭院、圍籬、公園、寺廟、神社、海邊的樹林

野生　人工栽培

用手觸碰葉尖也不會痛

←羅漢松（犬槙）
葉長 4～15cm。葉子短於 8cm 的，有時會被當作變種的小葉羅漢松

（實物尺寸）

—— 只看得到中央的葉脈

背面

手裏劍的做法

用羅漢松做成的手裏劍

（實物尺寸）

↑ 日本金松→
金松科的喬木。生長在日本東北南部～九州的多岩石山地。葉長 6～13cm。毬果狀的果實長約 10cm

背面

即使做成手裏劍，被打中了也不會痛的葉子

　　羅漢松的葉子形狀扁平，摸了也不會痛，是一種感覺溫和的針葉樹。在日本，一般說到羅漢松，指的是犬槙（與變種的小葉羅漢松），但有時指的是金松科的日本金松。羅漢松大多在氣候溫暖的海邊被當作庭木栽培，葉子可以做成手裏劍當作玩具，果實也可以食用。日本金松則是價格昂貴的樹，偶爾有寺廟和庭院種植。台灣的羅漢松產於蘭嶼，葉片有著美麗的翠綠，四季常青。每年從 3 月開始進入開花期，因栽培容易只需要足夠的陽光和濕度即可，所以深受喜愛。

種植在院子裡，修剪得很整齊的羅漢松

羅漢松的圍籬

果實的紅～紫色部分可以食用，綠色的部分有毒

樹皮的顏色明亮，細縱裂

絲蘭屬

天冬門科絲蘭屬
英語名：Yucca

灌木　庭院、公園
（原產於北美）

主要種類：鳳尾絲蘭、彎葉絲蘭、絲蘭　相似的樹：澳洲朱蕉

花 ▶ 1 2 3 4 5 6 7 8 9 10 11 12　出現處 街中 ★★　野山
（在日本幾乎不會結果）

1～3m

野生　人工栽培

針狀葉

簇生葉

常綠樹

藉由像劍一樣銳利的葉子，避免人靠近

　　主要原產於北美的絲蘭屬植物，特徵包括有如劍細長的葉子呈蓮花座簇生，開白花。在日本可見的包括葉片堅硬的鳳尾絲蘭、葉片稍軟一點的彎葉絲蘭、絲蘭等。鳳尾絲蘭的葉尖非常尖銳，如果不小心刺到眼睛就慘了，但是換個角度來看，尖銳的葉尖就是它的防身武器，可以避免人類靠近。絲蘭經常開花，卻幾乎不會結果。原因在於沒有負責替它運送花粉的「絲蘭蛾」。另外，同科的澳洲朱蕉和龍舌蘭在台灣也有人種植。

觸摸前端會痛

（實物尺寸）

↓鳳尾絲蘭
原產於北美。葉長 40～70cm。開白色花，主要在初夏和秋天開花

痛死了！

尖銳的葉子有防止小偷入侵的效果

開花的鳳尾絲蘭

彎葉絲蘭的葉子低垂

鳳尾絲蘭的葉子厚實，幾乎不會垂下

絲蘭的葉緣呈絲狀

澳洲朱蕉
朱蕉屬的小喬木。原產紐西蘭。葉子稍微細長，長 30～100cm。花比絲蘭的小

龍舌蘭
龍舌蘭屬的草。原產墨西哥。外型像放大版的蘆薈，葉長達 1～2m，葉緣有刺。幾十年開花一次

日本扁柏

柏科扁柏屬
英語名：Japanese cypress

喬木

神社、寺廟、公園、植林地、庭院、山地

5～35m

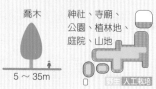

相似的樹：日本花柏、羅漢柏、美國側柏（右）、側柏（右）

花實 ▶ 1 2 3 4 5 6 7 8 9 10 11 12　出現處 街中 ★★　野山 ★★★　　野生 人工栽培

葉尖渾圓

↓日本扁柏
葉長 2～3mm。把葉子撕碎會散發清新醒腦的味道

（實物尺寸）

葉尖略尖。香氣微弱

Y
背面（200%）

←日本花柏
分布在本州和九州。時而種植在公園、神社、山上。

（實物尺寸）

葉片較大，撕開會散發香氣

X
背面（200%）

←羅漢柏
柏科羅漢柏屬的喬木或灌木。日文別名為檜葉。分布在北海道～九州。偶爾會種植在神社、公園、山上。另外還有葉子較小的變種，日文稱為檜椺檜

W
背面（150%）

看看葉子背面是 Y 還是 X，或者是 W

很多柏科的樹木都長著像鱗片一樣的小葉子，為了正確區分，請各位從葉片的背面尋找線索。因為日本扁柏的葉片背面看起來像寫著 Y，與其外型非常相似的日本花柏像寫著 X，羅漢柏像寫著 W。這些白色的紋路稱為氣孔帶，是植物用來呼吸的部位。日本扁柏被視為最高級的建築木材和浴盆材料，而神社等建築物的屋頂（檜皮葺）也會使用日本扁柏的樹皮。它的栽植數量僅次於日本柳杉，在日本排名第二。日本扁柏和日本花柏各有葉色和形狀不同的園藝品種（P.249）。

日本扁柏的樹形

人工種植的日本扁柏

日本扁柏的果實直徑約 1cm

茶紅色的樹皮縱裂

側柏

相似的樹：美國側柏、日本扁柏（左）　英語名：Chinese Arborvitae

柏科側柏屬

小喬木

庭院、公園
（原產於中國）

待補待補待補待補待補

花實 ▶ 1 2 3 4 5 6 7 8 9 10 11 12　出現處 街中 ★★　野山

1.5 ～ 7m

野生 人工栽培

常綠樹

樹形看起來像小孩子的手，而且上面放著金平糖

側柏的特徵是枝葉垂直展開，就像小朋友張開的手。葉子與日本扁柏相似，同樣是小小的鱗狀葉，差異在於表面與背面幾乎完全一樣，背面沒有白色紋路。另一項特徵是側柏的整體樹形呈水滴形。有趣的是，側柏的灰綠色果實，看起來就像一顆顆的金平糖。雖然果實不可食用，但它的尺寸剛好很適合讓小朋友拿來扔著玩。外型與其相似的美國側柏，葉子撕開會散發水果般的香氣。

金平糖

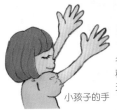

小孩子的手

名為 "elegantissima" 的品種，樹形細長，葉子到了冬天會轉為茶紅色

沒有香味

側柏→

兩種都沒有白色的氣孔帶

葉子撕開會散發甜香

背面

幼果

（實物尺寸）

黃金側柏是葉色會變黃的品種。經常有人種植

←美國側柏↓

原產於北美。果實是卵形。有很多園藝品種（P.249）

幼果。葉呈縱向生長

果實成熟時轉為茶色，裂開

（實物尺寸）

圓柏

柏科刺柏屬
英語名：Chinese juniper

主要種類：圓柏、龍柏、千頭圓柏、清水圓柏、鋪地柏

花寶 ▶ 1 2 3 4 5 6 7 8 9 10 11 12　　出現處 街中 ★★　野山 ★

灌木～喬木

0.2～15m

庭院、公園、圍籬、行道樹、神社、海岸岩石地帶

野生　人工栽培

常綠樹

葉子的正面和背面沒有區別

把枝條剪掉會長出針狀葉

針狀葉（實物尺寸）

←龍柏
圓柏的園藝品種。鱗狀葉密生，葉色鮮綠

（實物尺寸）

葉子長得不如龍柏密集，顏色灰綠

←圓柏→
生長在本州～九州的海岸，種植在神社等處。

千頭圓柏→
圓柏的品種之一，樹形呈圓球形，樹高約1m。一般是鱗狀葉。被當作庭木種植

↑清水圓柏
是圓柏的變種，屬於樹高1m以下，樹幹匍匐於地面的灌木。鱗狀葉。生長在多岩石的山地，經常被種植在公園和庭院。又名清水山檜

↑鋪地柏
是圓柏的變種，屬於樹高50cm以下，樹幹匍匐於地面的灌木。針狀葉。偶爾生長在海岸

生氣時會伸出帶刺的葉

圓柏的葉子是長得密密麻麻的鱗狀葉。野生的個體難得一見，但人工栽培很普遍。尤其是龍柏，數量特別多。它的枝葉茂密，自然向上伸展。圓柏通常會被修剪成各種造型，但有部分的葉子帶刺，所以看到的人可能會驚呼「它有兩種葉子！」。這種帶刺的葉子是從枝葉被剪掉的地方長出來，所以它可能很生氣，想要告訴人類「不要剪！」。為了自保，避免葉子被動物吃掉，植物會長出針狀葉在自然界是普遍的現象。

當作行道樹的龍柏

修剪整齊的龍柏

鱗狀葉和灰綠的針狀葉在圍籬互相交錯

幼果呈灰綠色，成熟時轉為黑紫色。直徑將近1cm

針葉樹

以柏科為主（所有的針葉樹）

英語名：Conifer

小喬木～灌木　　庭院、公園（原產於各地。園藝種）

主要種類：大果柏木、落磯山圓柏、美國側柏（P.247）、側柏（P.247）、日本花柏（P.246）、日本扁柏（P.246）、科羅拉多藍雲杉（P.234）

出現處　街中 ★★★ 野山

0.2～10m

野生　人工栽培

鱗狀葉

色彩繽紛又多采多姿的針葉樹們

　　踏進時下最時尚的庭院，經常可以看到樹形呈細長三角形的樹木、葉子是黃色或灰綠色的樹木，甚至還有緊貼著地面生長，看起來就像草坪鋪滿一地的樹。這些都是 Conifer。 Conifer 是針葉樹的英文，在日本指的是經過改良，供園藝之用的針葉樹品種。其中以柏科的樹為大宗，葉子大多是鱗狀葉和細細的針狀葉。常見的品種除了原產北美的樹，還有日本的花柏和扁柏、杜松、中國的側柏。以下為各位介紹較具代表性的品種。

種植了各種針葉樹的西式庭院，顯得色彩繽紛

金冠柏→

Goldcrest。是原產於北美的大果柏木的園藝品種。是知名的針葉樹。可當作聖誕樹的金冠柏盆栽很受歡迎。葉子呈鱗片狀～針狀，顏色是螢光黃綠～黃色。葉子經搓揉會散發類似檸檬的香氣

（實物尺寸）

金線花柏→

日本花柏的品種，葉子會轉為黃色，呈絲狀垂下。別名 Filifera aurea。也有灌木品種。葉子是綠色的品種名為線柏（日文為糸檜葉）

美國側柏 Europe Gold →

原產於北美的美國側柏的品種，鱗狀葉會轉為黃色，發展成細三角形的樹形。外型與側柏相似，差異在於葉子搓揉後會散發甜香

落磯山杜松→

Colorado 柏槙。原產於北美。葉子為灰綠色的鱗狀葉，且愈年輕的葉子，顏色愈接近灰綠。主要品種有'Blue Heaven'、'Wichita Blue'、'Blue Angle'

藍冰柏→

Blue Ice。原產於北美的亞利桑那柏的品種。分岔的樹枝看起來就像雪花結晶，令人印象深刻。葉子的表面覆蓋著一層蠟質，顯得顏色霜藍，有圓形的腺點，香味強烈

（實物尺寸）

（實物尺寸）

（實物尺寸）

常綠樹

249

〈主要參考文獻〉
尼川大 、長田武正《檢索入門樹木,針葉樹》（保育社）
中川重年《檢索入門 針葉樹》（保育社）
木村陽二郎、植物文化研究會《圖說 花與樹的大事典》（柏書房）
茂木透、高橋秀男、勝山輝男等人《山谷口袋圖鑑 開在樹上的花》（山與溪谷社）
塚本洋太郎等人《園藝植物大事典》（小學館）
大橋　好、門田裕一、邑田仁等人《改訂新版 日本的野生植物》（平凡社）
林 將之《山溪口袋圖鑑 增補改訂 樹木的葉》（山與溪谷社）
林 將之《以葉子分辨的樹木 增補改訂版》（小學館）
林 將之《秋天的樹木圖鑑》（廣濟堂出版）
林 將之《以五感調查的樹葉圖鑑》（Horupu出版）
林 彌榮、小形研三、山本紀久等人《樹木畫冊》（Aboc社）
平井信二《樹木大百科》（朝倉書店）
伊澤一男《藥草彩色大事典》（主婦之友社）
安藤敏夫、小笠原 亮、長岡 求《日本花名鑑4》（Aboc社）
濱野周泰等人《大人的園藝 庭木 花木 果樹》（小學館）
日本植木協會等《花園植物大圖鑑》（講談社）

《我國的行道樹Ⅷ》（國土交通省 國土技術政策總合研究所）
麻生惠、濱野周泰、皆川　子等人《週刊 日本的樹木》（學習研究社）
宮國普一《橡實的名稱事典》（世界文化社）
湯川淳一、　田 長《日本原色瘻圖鑑》（全國農村教育協會）
今泉忠明、下間文惠、德永明子等人《令人遺憾的生物事典》（高橋書店）
各都道府縣的植物誌、地方植物圖鑑等

〈主要參考網站〉（2020年12月當時）
《Weblio英和‧和英辭典》（Weblio）
《英辭郎 on the Web》（ALC）
《GBIF.org》
《Wikipedia 日語版‧英語版》
《松江的花圖鑑》（yoshiyuki）
《木的記事本》（廣野郁夫）
《以照片判斷家畜的有毒植物和中毒》（農業‧食品產業技術總合研究機構）
《樹木鑑定網站「這種樹那種樹」》（林 將之）

台灣廣廈 國際出版集團
Taiwan Mansion International Group

國家圖書館出版品預行編目（CIP）資料

專為孩子設計！趣味樹木圖鑑：從葉子‧花朵‧果實‧樹形‧樹
皮認識450種常見植物，打造出自主學習力！／林將之著；藍嘉
楹翻譯.-- 初版.-- 新北市：美藝學苑，2022.07
　面；　公分
ISBN 978-986-6220-50-0
1.CST: 樹木 2.CST: 植物圖鑑 3.CST: 通俗作品

436.1111　　　　　　　　　　　　　　　111008059

美藝學苑

專為孩子設計！趣味樹木圖鑑

從葉子‧花朵‧果實‧樹形‧樹皮認識450種常見植物，打造出自主學習力！

作　　　者／林將之	編輯中心編輯長／張秀環	
插　　　畫／KEIKOLiN	封面設計／曾詩涵‧內頁排版／菩薩蠻數位文化有限公司	
翻　　　譯／藍嘉楹	製版‧印刷‧裝訂／東豪印刷有限公司	

行企研發中心總監／陳冠蒨　　　　線上學習中心總監／陳冠蒨
媒體公關組／陳柔彣　　　　　　　數位營運組／顏佑婷
綜合業務組／何欣穎　　　　　　　企製開發組／江季珊、張哲剛

發　行　人／江媛珍
法律顧問／第一國際法律事務所 余淑杏律師‧北辰著作權事務所 蕭雄淋律師
出　　　版／美藝學苑
發　　　行／台灣廣廈有聲圖書有限公司
　　　　　　地址：新北市235中和區中山路二段359巷7號2樓
　　　　　　電話：（886）2-2225-5777‧傳真：（886）2-2225-8052

代理印務‧全球總經銷／知遠文化事業有限公司
　　　　　　地址：新北市222深坑區北深路三段155巷25號5樓
　　　　　　電話：（886）2-2664-8800‧傳真：（886）2-2664-8801
郵政劃撥／劃撥帳號：18836722
　　　　　　劃撥戶名：知遠文化事業有限公司（※單次購書金額未達1000元，請另付70元郵資。）

■出版日期：2022年07月　　　　■初版5刷：2024年03月
ISBN：978-986-6220-50-0

おもしろ樹木図鑑　びっくり！　ヘンテコ！　不思議！
© Masayuki Hayashi 2021
Originally published in Japan by Shufunotomo Co., Ltd
Translation rights arranged with Shufunotomo Co., Ltd.